中国地质大学·地学文库丛书

聚焦前沿 追求卓越

——计算机学院10年学术成果汇编

JUJIAO QIANYAN ZHUIQIU ZHUOYUE
—— JISUANJI XUEYUAN 10 NIAN XUESHU CHENGUO HUIBIAN

主　编：李国昌　王力哲
副主编：张冬梅　彭建怡　卢　超　彭　雷
　　　　姜　三　刘　佳　章丽平　朱天清

中国地质大学出版社
ZHONGGUO DIZHI DAXUE CHUBANSHE

图书在版编目(CIP)数据

聚焦前沿　追求卓越:计算机学院 10 年学术成果汇编/李国昌,王力哲主编. —
武汉:中国地质大学出版社,2022.10
　　(地学文库丛书)
　　ISBN 978-7-5625-5408-0

　　Ⅰ.①聚…　Ⅱ.①李…　②王…　Ⅲ.①计算机科学-文集　Ⅳ.①TP3-53

中国版本图书馆 CIP 数据核字(2022)第 189563 号

聚焦前沿　追求卓越　　　　　　　　　　　　　　　　　　李国昌　王力哲　主编
——计算机学院 10 年学术成果汇编

责任编辑:张　林　　选题策划:毕克成　江广长　张　旭　段　勇　　责任校对:何澍语

出版发行:中国地质大学出版社(武汉市洪山区鲁磨路 388 号)　　　　　　邮编:430074
电　　话:(027)67883511　　传　　真:(027)67883580　　E-mail:cbb@cug.edu.cn
经　　销:全国新华书店　　　　　　　　　　　　　　　　http://cugp.cug.edu.cn

开本:787 毫米×1092 毫米　1/16　　　字数:227 千字　　　印张:11.25
版次:2022 年 10 月第 1 版　　　　　印次:2022 年 10 月第 1 次印刷
印刷:武汉精一佳印刷有限公司

ISBN 978-7-5625-5408-0　　　　　　　　　　　　　　　　定价:168.00 元

如有印装质量问题请与印刷厂联系调换

聚焦前沿　追求卓越
——计算机学院 10 年学术成果汇编
编委会

七十年斗转星移,地大人筚路蓝缕、薪火相传,把论文写在祖国的大地上,科技报国、教育报国之心,山河可鉴。

早在建校之初的 20 世纪 50 年代,学校一大批专家学者就以地质科教之力投身国家重大项目建设当中。袁复礼教授担任了中苏联合长江三峡工程地质考察和鉴定组中方组长,还首次组织了服务国家重要工程——三门峡水库建设项目的多学科第四纪野外地质考察;马杏垣教授带领师生完成了我国第一幅较为正规的 1:20 万"五台山区区域地质图",出版了我国第一部区域地质构造专著——《五台山区地质构造基本特征》;冯景兰教授被聘为黄河规划委员会地质组组长,参与编写《黄河综合利用规划技术调查报告》;袁见齐教授主持完成了全国盐类矿床分布规律和矿床远景预测研究,编制完成了全国盐类矿床图;潘钟祥教授发表《中国西北部的陆相生油问题》,系统提出了"陆相地层生油"的观点……地大人科技报国、教育报国的情怀不仅与生俱来,更像矿物结晶体一般熔铸于一代代地大人的学脉传承之中。

新时代浪激潮涌,地大人踔厉奋发、勇毅前行,追求卓越的脚步从未停歇,科技报国之路踏石留印。

党的十八大以来,地大围绕科技高水平自立自强的国家目标,针对自然资源和生态环境两大行业领域的"卡脖子"问题,以《美丽中国·宜居地球:迈向 2030》战略规划为牵引,先后实施了"学术卓越计划""地学长江计划"等一系列重大专项,产出了一大批原创性、突破性科技成果。十年来,我们坚持突出学院的办学主体地位,以高水平人才引进和培育实现高水平科研"基本盘"更加巩固,成为"地学文库"系列丛书的源头活水。十年来,我们坚持"绿水青山就是金山银山",以地球系统科学学术创新服务美丽中国建设,形成以《中国战略性矿产资源安全的经济学分析》和《应急救援队伍优化调配与合作救援仿真》等为代表的"地大智库"系列成果。十年来,我们坚持"人与自然生命共同体"理念,让地球科学的研究发现走出"象牙塔",让"道法自然"的生态文明思想飞入寻常百姓家,从而形成"地学科普"系列作品。

七秩荣光，闪耀环宇。地大人重整行装、接续奋斗，正在建设地球科学领域国际知名研究型大学的新征程上昂首阔步。

　　逐梦未来，高歌猛进。地大人不忘初心、牢记使命，实现"建成地球科学领域世界一流大学"地大梦的号角已然嘹亮。

　　值此建校 70 周年之际，"地学文库""地大智库""地学科普"系列作品正式出版。丛书当中积淀的是地大学者智慧，展现的是地大学科特色，揭示的则是扎根中国大地、创建世界一流大学的基本路径——只有与国同行才能自立图强，唯有与时俱进方可历久弥新。

　　是为序。

中国地质大学（武汉）校长
中国科学院院士

　　中国地质大学创建于 1952 年,是教育部直属的全国重点大学,国家首批"双一流"建设高校。1952 年建校至今,先后有 60 余位院士在这里辛勤耕耘,培养了众多的学术精英、治国雄才、商界骄子、体育健儿。据不完全统计,学校地学类专业每 1000 名毕业生就有一位成长为"两院"院士。

　　我校计算机专业始建于 1985 年,2005 年 2 月成立计算机学院。经过 30 余年的建设和发展,学院拥有一支高水平、年轻化的一流师资队伍,现有专任教师 125 名,教授(研究员)、副教授(副研究员)107 人,博士生导师 35 人;其中,欧洲科学院外籍院士 1 人、IEEE Fellow 2 人、SPIE Fellow 1 人,国家杰出青年科学基金获得者 2 人,入选国家级人才计划 2 人,省部级人才计划 8 人,湖北省"教学名师"1 人,湖北省杰出青年基金获得者 3 人,拥有湖北省创新群体 3 个。入选科睿唯安(Clarivate Analytics)全球"高被引科学家"1 人、爱思唯尔(Elsevier)"中国高被引学者"3 人、2021 Guide2Research 全球 TOP1000 计算机科学和电子领域顶尖科学家 1 人。

　　近几年来,学校计算机学科建设取得突破性进展。2017 年 11 月中国地质大学(武汉)计算机学科首次进入 ESI① 全球机构排名前 1‰;2019 年 11 月首次进入 ESI 全球机构排名前 5‰;2020 年 11 月进入 ESI 全球机构排名前 3.5‰,取得持续上升;2022 年 US News 世界大学排行榜位列全球 141 位,在入围的国内高校中排名第 30 名;2022 年 7 月计算机学科进入 ESI 全球机构排名前 2‰。学院现有计算机科学与技术、空间信息与数字技术、信息安全、软件工程、数据科学与大数据技术、智能科学与技术 6 个本科专业和一

---

　　① 基本科学指标数据库(Essential Science Indicators,简称 ESI)是由世界著名的学术信息出版机构美国科技信息研究所(ISI)于 2001 年推出的衡量科学研究绩效、跟踪科学发展趋势的基本分析评价工具。

个计算机科学与技术(大数据方向)中美合作办学本科专业。计算机科学与技术专业、空间信息与数字技术专业、软件工程专业入选国家级一流本科专业建设点。软件工程专业入选教育部"卓越计划",并通过工程教育专业认证。数据科学与大数据技术、智能科学与技术、计算机科学与技术、软件工程、信息安全5个专业在2022软科中国大学专业排名中位列A档。学院建设有地学信息工程博士点,计算机科学与技术、信息安全、地学信息工程、软件工程、电子信息硕士点,形成了本—硕—博"一体化"人才培养体系。

计算机学院建有地理空间信息技术国家地方联合工程实验室、自然资源信息管理与数字孪生工程软件教育部工程研究中心、地理信息系统软件及其应用教育部工程研究中心、智能地学信息处理湖北省重点实验室、智慧地质资源环境技术湖北省工程研究中心、"地学大数据"湖北省引智创新示范基地、"全空间智能信息处理技术及系统"湖北省中试基地等国家级、省部级科研平台。

计算机学院坚持基础研究和应用研究相结合,面向国家重大需求,在人工智能、数据科学与大数据技术、计算机网络、信息安全、计算机应用、软件工程等学科方向组建学术团队,取得有一定影响力和贡献度的科研成果。"十三五"期间学院教师获得国家自然科学基金、国家重点研发计划、国家科技重大专项等国家级项目资助40余项,项目总经费达1.2亿元人民币。以第一或通讯作者发表SCI论文428篇,EI高被引论文20篇。授权国家发明专利125项,软件著作权145项。获省部级科技奖6项、一级学会奖7项,出版学术专著26部,举办国际学术会议5次。曾获得国家科技进步奖二等奖、湖北省技术发明奖一等奖等多项奖励。

学院的优势学科方向包括人工智能、数据挖掘、数据科学与大数据技术、网络工程、信息安全、地学信息工程、空间信息工程、地理空间信息系统、软件工程技术等。在人工智能领域主要开展机器学习、多目标优化及智能调度等方面的科研工作。针对遥感信息智能提取主要开展遥感信息智能提取、解译等方向的理论、方法研究,在城市典型要素识别、自然资源监测、数字城市等方面形成特色应用。地学信息工程方向主要研究三维可视化地矿点源信息系统、复杂地质结构三维精细建模、时空大数据组织与管理的理论方法、技术体系,研究、开发高性能地学信息系统平台软件,开展地质环境、生态、海洋等领域工程研究与应用。数据科学与大数据技术主要围绕地球科学大数据原理与应用、地学大数据、复杂大数据建模、大数据系统与云计算等方向,在智慧城市、智慧医疗、智能电网、社交媒体及智慧教育领域的大数据系统建模、分析、计算及决策应用等方面取得系列研究成果。空间信息工程主要开展复杂空间信息网络的体系设计、任务规划和推演评估、空间综合信息传输网络的设计与优化等方面的科研工作,在复杂巨系统体系设计与任务规划、人工智能在航天中的应用、航天工具基础软件研发等方面形成特色方向。网络与信息安全方向主要从事网络与信息安全的理论与应用研究,侧重于研究软件定义网络,云边计算、网络策略技术、网络空间安全、物联网安全、应用密码学、区块链、隐私保护等,在移动智能物联网安全、大数据隐私保护与人工智能安全、移动支付、版权保护等安全理论、体系与方法等方面开展深入研究。

高校作为人才培养的主阵地,更要引导、激励科研人员教书育人,注重知识扩散和转移,及时将科研成果转化为教育教学、学科专业发展资源,提高人才培养质量。为学习贯彻习近平总书记"七一"重要讲话精神,落实《教育部 科技部关于加强高等学校科技成果转移转化工作的若干意见》(教技〔2016〕3 号)要求,计算机学院特别组织梳理总结 10 年优秀科研成果,汇编成册,便于推广应用,也能更好地回顾办院历史、展示办学成就、激发奋斗意志、汇聚各方力量、提升社会影响力,为学校 70 周年校庆增光添彩。

第一篇　人工智能与数据挖掘

第二篇　遥感信息智能处理

第三篇 数据科学与大数据技术

第四篇 地学信息工程

第五篇　空间信息工程

```
第六篇　网络与信息安全
```

计算机学院
学术成果汇编

10年

2012—2022

第一篇　人工智能与数据挖掘

导言

　　计算机学院人工智能与数据挖掘方向主要开展机器学习、演化算法及其智能调度应用、人工智能及其应用等方面的科研工作。在问题层面上，主要面向国家重大需求和国民生命健康需求，同时也紧跟世界科技前沿。具体针对水污染检测传感器布局问题、智能制造问题、工业互联网等问题开展了深入的研究，建立了相关的优化模型；在理论层面上，聚焦演化数据挖掘、时间序列数据挖掘、时空数据分析等方法，同时将问题领域知识与智能优化方法进行深度融合，研制出高效可行的智能优化算法；在应用层面上，针对具体的实际问题，采用高效的智能优化算法对问题进行仿真优化，以验证所提智能优化算法的可行性和准确性，同时给应用单位提供技术支持，提高生产效率、降低成本。近年来承担国家自然科学基金、"国家高技术研究发展计划"（简称 863 计划）、湖北省自然科学基金创新群体、湖北省自然科学基金等项目。

1.1 基于 ε 占优的正交多目标差分演化算法及其在 Kalman 滤波器设计中的应用

项目负责人:蔡之华

项目来源:国家自然科学基金面上项目(61075063)

主要完成人:蔡之华、龚文引、蒋良孝、杨鸣、刘小波、薛思清、吴佳

工作周期:2011 年 1 月 1 日—2013 年 12 月 31 日

 项目简介

对演化算法进行研究并将它与 Kalman 滤波器相结合,以进一步提高 Kalman 滤波器的鲁棒性,减小因时间累计而造成的滤波器精度的下降。本项目以此为研究目的和研究重点,主要开展了以下几个方面的研究:①自适应差分演化算法的改进;②基于改进差分演化算法的自适应 Kalman 滤波器;③演化自适应 Kalman 滤波器框架和适应值函数;④基于占优的改进多目标差分演化算法及其在 Kalman 滤波器中的应用研究等。

主要成果

通过本项目的研究完善了演化 Kalman 滤波器的框架,改进了差分演化算法的性能和演化 Kalman 滤波器的性能,为今后进一步研究演化 Kalman 滤波器和其他自适应 Kalman 滤波器提供了参考。本项目成果获湖北省自然科学奖二等奖(图 1-1-1)。

依托项目研究成果,发表 SCI 检索论文 11 篇、EI 检索论文 19 篇,出版学术专著 1 部。该团队教师指导的学生获湖北省第九届"挑战杯·青春在沃"大学生课外学术科技作品竞赛一等奖 1 项(图 1-1-2)。

图 1-1-1 相关研究成果获湖北省
自然科学二等奖

图 1-1-2 指导学生获"挑战杯·青春在沃"
竞赛一等奖

1.2　太阳能电池模型反演的智能优化算法研究

项目负责人：龚文引

项目来源：湖北省自然科学基金杰出青年项目(2019CFA081)

主要完成人：龚文引、颜雪松、胡成玉、卢超等

工作周期：2019 年 1 月 1 日—2021 年 12 月 31 日

项目简介

太阳能电池模型具有非线性、多变量等特点，其模型快速反演对光伏系统控制具有重要意义。本项目以太阳能电池模型反演为研究对象，重点研究以下内容：①太阳能电池模型反演优化问题转换；②最大功率点跟踪（Maximum Power Point Tracking，MPPT）太阳能控制器；③基于强化迁移学习算法的智能优化算法及反演优化，如图 1-2-1 所示。

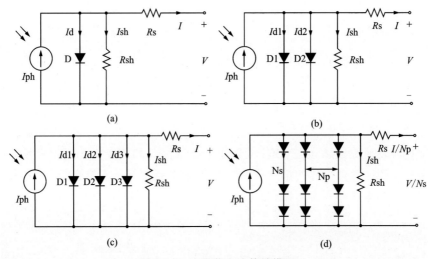

图 1-2-1　太阳能电池等效模型

主要成果

过去传统能源的大量使用，造成了严重的环境影响，如环境污染。因此，为了加强对环境的保护，用来替代的可再生能源近年来受到了极大的关注。在目前流行的可再生能源（如太阳能、风能、波浪、核能、潮汐和地热能）中，太阳能由于其广泛的可获得性和清洁性被认为是最有发展前景的可再生能源之一。因此，太阳能

已被应用于工农业生产中,如石油工业、热水供应、农业、无线传感器和光伏系统。在这些应用中,太阳能光伏系统在世界可再生能源发展中发挥着重要作用,因为它可以直接将太阳能转化为电能。由于太阳能电池模型的非线性、多变量、多模态特性,其参数提取仍然是一项重要而富有挑战性的任务。

1.3 面向复杂非线性方程组多根求解的自适应集成进化算法研究

项目负责人:龚文引

项目来源:国家自然科学基金面上项目(62076225)

主要完成人:龚文引、刘剑峰、胡成玉、颜雪松、卢超等

工作周期:2021 年 1 月 1 日—2024 年 12 月 31 日

 **项目简介**

复杂非线性方程组(Nonlinear Equations,NES)多根求解在多个领域中具有十分重要的意义,但现有方法难以通过一次运行同时求出其多个根。设计高效自适应集成进化算法可有效集成多策略/算法的优势,既可提高算法收敛性,又能有效保持种群多样性,进而有利于实现复杂 NES 多根求解。本项目拟深入开展自适应集成进化算法及复杂 NES 多根求解研究:①考虑多根求解需求的 NES 优化问题转换,以更适合优化算法求解其多根;②基于多策略自适应集成进化算法,包括种群多样性保持技术,多搜索算子、多排斥技术、多小生境技术等自适应集成机制;③基于多种群自适应集成进化算法,包括决策空间分解方法、种群间交互技术、不同种群采用不同优化算法的自适应集成机制等;④基于改进算法的实际 NES 案例求解与应用探讨。通过本项目研究,既能在自适应集成进化理论和算法上取得一系列指导性、原创性成果,同时又能为复杂 NES 多根求解提供有效的优化工具,具有重要的理论意义和实际价值。

主要成果

求解非线性系统的经典方法包括牛顿法、梯度下降法、拟牛顿法、同伦法、确定性分支定界法和区间牛顿法。然而,由于非线性方程的不可微性,这些方法有一定的局限性。另外,有些方法对初值非常敏感。更重要的是,大多数经典方法不能在一次运行中定位多个根。研究表明,邻域信息可以有效地提高小生境算法的性能。基于距离的局部通讯粒子群(Locally Informed Particle Swarm,LIPS)利用邻域信

息引导每个粒子的搜索。基于邻域的拥挤差分进化算法利用最近邻的信息与CDE相结合来提高算法的性能。Shi等采用了一种新的邻域选择策略来提高人工蜂群算法(Artificial Bee Colony,ABC)的局部搜索能力,即当中心个体与中心点之间的欧氏距离小于阈值时,将其视为中心个体的邻居。Han等(2020)提出了一种带局部信息的差分进化算法,该算法考虑每个个体的邻域关系,选择种群中10%的个体作为邻域大小。但是对于这些方法来说,每一代的邻域大小都是一个固定的值,这不利于充分利用邻域信息,容易导致勘探与开发的不平衡。

1.4　面向数值优化的迁移演化算法及其应用

项目负责人:龚文引
项目来源:国家自然科学基金面上项目(61573324)
主要完成人:龚文引、吴亦奇、胡成玉、颜雪松等
工作周期:2016年1月1日—2019年12月31日

 项目简介

　　演化算法求解数值优化问题是当前的研究热点和研究前沿,但其主要不足是算法收敛慢,其中一个原因是算法每次从"零知识"开始优化新问题。相似问题间有用信息(知识)的有效重用将是解决此不足的一种有效途径。为此,本项目结合迁移学习思想,以燃料电池模型参数提取问题为主要应用背景,系统研究求解数值优化问题的迁移演化算法及其应用,包括:①知识自动学习技术,从已求解问题中自动学习有用信息,并建立知识库;②数值优化问题的相似度评价准则,有效评价不同问题或不同解之间的相似度,作为有用信息迁移依据;③知识自适应迁移技术,把相似问题的有用信息迁移到新问题中,加快新问题的求解;④提出求解数值优化问题的迁移演化算法,并应用于不同类型燃料电池模型参数提取问题中。本项目的研究有利于进一步推动机器学习、演化计算、燃料电池等领域的交叉研究,并提出一系列新方法和新技术,具有重要的理论意义和应用价值。

 主要成果

　　(1)知识自动学习研究。非线性方程组系统问题的求解具有十分重要的意义。一般而言,非线性方程组系统包含多个根,因此实现多根同时求解具有现实意义。针对非线性方程组系统研究了如何提取相关知识,并设计有效的优化问题转化技

术;分析了燃料电池模型参数提取问题的特点,从中提取知识;设计了基于分解的优化问题转换技术,在保证求解精度的前提下,极大降低了计算量。

(2)相似度评价准则研究。针对非线性方程组系统问题,设计了有效的相似度评价方法用于形成稳定的小生境,从而便于算法求解方程组系统的多个根。

(3)知识自适应迁移研究。针对地震数据反演、无线传感器网络最优能量分配、水资源传感器布局等问题设计了知识驱动的改进智能优化算法,有效考虑优化问题的特点,提取知识,进而改进算法的性能。

1.5 动态多策略差分演化算法及其在无线传感器网络能量分配优化中的应用

项目负责人:龚文引
项目来源:国家自然科学基金青年科学基金项目(61203307)
主要完成人:龚文引、蔡之华、李程俊等
工作周期:2013 年 1 月 1 日—2015 年 12 月 31 日

 项目简介

差分变异策略对差分演化算法的性能具有十分重要的影响,但是针对所求解的问题选择最优策略是很困难的。能量分配优化是无线传感器网络(Wireless Sensor Network,WSN)设计中的核心问题之一。为了提高差分演化算法的性能,并把改进算法有效应用于 WSN 能量分配优化中,本项目组拟把学习自动机理论与差分演化算法有效结合,研究多策略自适应选择差分演化算法,并利用改进算法求解 WSN 能量分配优化问题。重点对以下 4 个关键内容进行系统研究:①有效平衡适应值改进和多样性改变的信度分配方法;②基于学习自动机的快速策略选择技术;③动态策略库管理技术;④求解能量分配优化昂贵计算问题的高效优化技术。所得到的研究成果一方面能改进差分演化算法的性能,为演化算法多策略、多算子自适应选择研究提供示例;另一方面能为求解 WSN 能量分配优化问题提供有效的优化技术,在差分演化算法的改进与应用研究上具有十分重要的理论意义和应用价值,如图 1-5-1 所示。

主要成果

(1)信度分配方法研究。无线传感器网络能量分配优化问题是一个约束优化问题,本项目针对约束优化问题研究了考虑目标函数值和约束函数的个体比较方法,该方法可用于策略的信度分配。

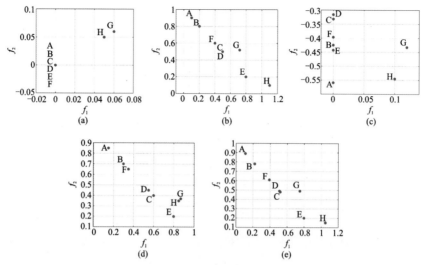

图 1-5-1　改进的双目标转换技术与其他方法对比

(2)快速策略选择技术研究。本项目研究了基于 cheap surrogate 模型的快速策略选择技术,通过对个体的密度估计来选择个体。同时,把基于概率匹配技术的策略选择差分演化算法应用于 PEMFC 模型参数提取中。

(3)动态策略库管理技术研究。在研究动态策略库管理技术的过程中,分析了差分演化算法杂交概率与杂交操作的本质,提出了基于杂交概率修复的自适应差分演化算法;同时,通过研究发现原有策略存在勘探能力不足的缺点,提出了基于排序机制的差分演化算法,并把算法应用到多个领域。

1.6　基于新型机器学习技术的贝叶斯网络分类算法及其在文本分类中的应用研究

项目负责人:蒋良孝

项目来源:湖北省自然科学基金杰出青年项目(2011CDA103)

主要完成人:蒋良孝、王典洪、蔡之华、李超群、薛思清、颜雪松、龚文引、吴杰、李桂玲、杨鸣

工作周期:2012 年 1 月 1 日—2014 年 12 月 31 日

 项目简介

本项目将近年来机器学习领域新出现的判别学习、半监督学习、类不平衡学习、

代价敏感学习、多实例学习等机器学习技术和贝叶斯学习相结合,研究新型的贝叶斯网络分类器学习算法,并将它应用于大规模文本数据的自动分类中。项目的实验研究在国际数据挖掘实验平台 Weka 下进行。该平台具有开发速度快、比较结果可靠、代码可移植性好等特点。项目研究的理论成果可以作为对贝叶斯网络分类器理论的补充,新技术的提出可以为新型贝叶斯网络分类器的研究提供示例,同时为大规模文本数据的自动分类提供快速准确的方法;开发出来的软件包可以丰富 Weka 平台,为世界同行的研究提供方便,具有重大的理论意义和应用前景,如图 1-6-1 所示。

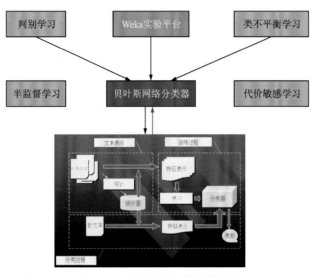

图 1-6-1　本项目的整体研究框架

📖 | 主要成果

　　(1)现有的特征加权方法都只关注到特征变量与类变量之间的相关性,而忽略了特征变量之间的冗余性。针对这个问题,本项目提出了基于相关性特征加权的朴素贝叶斯模型(Correlation-based Feature Weighted Naive Bayes,CFWNB)。CFWNB 将每个特征变量的权值直接定义为该特征变量和类变量的相关性与该特征变量和其他特征变量的平均冗余性的差,不仅提升了模型的分类准确性,还维持了模型的简单性和高效性。

　　(2)现有的贝叶斯分类模型和算法都是面向分类任务来设计和学习的,本项目首次面向类概率估计,研究了树扩展的朴素贝叶斯的性能,提出了平均树扩展的朴素贝叶斯模型(Averaged Tree Augmented Naive Bayes,ATAN)。ATAN 首先以每一个特征变量为根结点构建一个树扩展的朴素贝叶斯,然后将所有树扩展的朴素贝叶斯预测的类成员概率进行平均,在类概率估计方面取得较好的效果,同时维持了较高的分类性能。

（3）为克服半朴素贝叶斯网络分类器算法（Semi-Bayesian Classifier，SBC）的局部最优问题，提出了随机选择的朴素贝叶斯算法（Randomly Selected Naive Bayes，RSNB）。RSNB 在选择属性的时候，每一步不总是添加一个最好（最能提高分类器分类精度）的属性，而是从若干个有效的候选属性中随机选取一个属性。此外，还结合判别学习的思想面向分类、排序、类概率估测 3 种不同的数据挖掘任务，设计了 3 个不同版本的算法：RSNB-ACC、RSNB-AUC、RSNB-CLL。

 转化与应用

本项目研究成果获国家发明专利 3 项。

（1）发明人：蒋良孝、王沙沙、李超群；专利名称：一种基于文档长度的实例加权方法及文本分类方法；专利号：ZL201510395998.4；授权公告日期：2018-10-19。

（2）发明人：蒋良孝、张伦干、李超群；专利名称：一种基于决策树的属性加权方法及文本分类方法；专利号：ZL201510237748.8；授权公告日期：2018-05-22。

（3）发明人：蒋良孝、王沙沙、李超群、张伦干；专利名称：一种结构扩展的多项式朴素贝叶斯文本分类方法；专利号：ZL201510366258.8；授权公告日期：2018-05-01。

1.7　代价敏感的半监督贝叶斯网络分类器及其应用研究

项目负责人：蒋良孝
项目来源：武汉市青年科技晨光计划项目（2015070404010202）
主要完成人：蒋良孝、李超群、颜雪松、龚文引、薛思清
工作周期：2015 年 1 月 1 日—2016 年 12 月 31 日

项目简介

在许多实际的应用中，经常会出现不同类的误分类代价不同，且未标记数据异常丰富而有标记数据却非常有限的问题。针对这类代价敏感的半监督学习问题，本项目组将代价敏感学习、半监督学习和贝叶斯学习相结合，对代价敏感的半监督贝叶斯网络分类器及其应用进行系统深入的研究。具体研究内容包括：①代价敏感的贝叶斯网络分类器研究；②半监督贝叶斯网络分类器研究；③代价敏感的半监督贝叶斯网络分类器研究；④新的分类器度量标准研究；⑤新型贝叶斯网络分类器在岩爆预测中的应用研究。

主要成果

（1）将机器学习领域新出现的代价敏感学习技术和传统的贝叶斯分类学习相结合，针对类分布不平衡的误分代价敏感的数据，提出了新的实例克隆和实例抽样技术，分别得到了实例克隆的贝叶斯网络分类器和抽样的贝叶斯网络分类器，并实验验证了所提新模型的有效性。

（2）首次将属性的测试代价融入朴素贝叶斯的属性选择过程中，提出了测试代价敏感的朴素贝叶斯网络模型，为测试代价敏感的贝叶斯学习提供了新方法和新途径。另外，受这一研究成果的启发，将测试代价敏感学习和传统的决策树学习相结合，研究出了测试代价敏感的决策树分类模型。

（3）提出了深度特征加权的朴素贝叶斯模型，该模型将计算得到的特征权值同时嵌入朴素贝叶斯分类器的分类公式和条件概率估测中，提高了朴素贝叶斯分类器的分类精度。此外，还将新提出的属性加权方法应用于文本分类中，改进了经典朴素贝叶斯文本分类器的分类性能。

转化与应用

本项目研究成果获国家发明专利 1 项，获软件著作权 1 项。

①发明人：蒋良孝、张伦干、李超群；专利名称：一种基于信息增益率的属性选择方法；专利号：ZL201510173354.0；授权公告日期：2017-11-21。

②编写人员：蒋良孝、孔刚刚、邱晨；软件著作名称：代价敏感分类软件；软件登记号：2016SR323925。

1.8 基于演化强化学习的城镇供水系统传感器布置与应急调度方法研究

项目负责人：胡成玉
项目来源：国家自然科学基金面上项目（62073300）
主要完成人：胡成玉、刘超、樊媛媛
工作周期：2021 年 1 月 1 日—2024 年 12 月 30 日

项目简介

作为国家重大基础设施之一，城镇供水网络是城市赖以生存的血脉，在保障居民生活、企业生产、公共服务等方面起到重要的作用。由于社会的快速发展，一方面城镇管网老化且容易损坏，另一方面恶意水污染事件时有发生，导致了饮用水安全问题日益严重。世界经济论坛发布的《2017 年全球风险报告》显示，饮用水危机

发生的概率及造成的影响仅次于世界气候变化,位居全球第二。

通过在城镇供水网络中布置水质传感器,并根据采集的信息制定相应的应急调度策略,可有效降低安全风险。但是供水网络是一个巨复杂系统,有成千上万个节点,管线绵延数千千米,并且用户端水需求的改变引发水流速度和方向的改变,导致了供水系统的不确定性。因此,在供水网络中开展传感器布置工作及应急调度研究具有巨大的挑战性。其技术瓶颈在于:①供水管网的大规模性使得搜索空间非线性增大;②应急调度的强实时性使得算法难以满足时间约束;③供水系统不确定因素多,导致该问题难以建模及求解。

传感器布置及调度优化问题技术瓶颈背后的核心科学问题是不确定环境下高维组合优化问题的建模及优化算法。本项目研究演化计算与强化学习深度共融的演化强化学习方法,通过群体和智能体协同搜索求解该问题。主要研究内容包括:①在模型层面,构建不确定环境下传感器布置优化模型和水阀消防栓应急调度优化模型;②在算法层面,提出面向布置及应急调度的演化强化学习方法;③在应用层面,研发基于传感器布置的供水系统监控预警和应急调度仿真平台,开展仿真验证研究。

通过本项目的研究,将从理论层面探索不确定环境下高维组合优化问题建模与求解机制,突破城镇饮用水安全系统的关键技术瓶颈;将从应用层面提升饮用水安全性,提高相关行业的服务质量,降低污染事件引发的负面社会影响。该项目的研究成果可以应用到城镇供水排水、石油、天然气等流体网络中,具有较广泛的应用前景,因此本项目属于需求牵引类研究。

本项目围绕供水网络中传感器布置与应急调度优化问题开展研究,拟取得以下学术成果。

针对复杂供水网络传感器布置与应急调度问题特征,构建不确定性环境下高维空间组合优化模型,提出基于群体和智能体协同搜索的演化强化学习算法。基于上述成果,研发一个适用于不同尺度、不同环境、不同指标下的仿真验证平台。

1.9 云环境下基于 Memetic 框架的水质传感器大规模优化布置方法研究

项目负责人:胡成玉
项目来源:国家自然科学基金青年科学基金项目(61305087)
主要完成人:胡成玉、刘超、樊媛媛、吴湘宁
工作周期:2014 年 1 月 1 日—2016 年 12 月 31 日

 项目简介

本项目主要提出一种云环境下基于 Memetic 框架下大规模优化算法,探索高维

大规模优化算法在 Hadoop 云框架下的实现模式,研制一个适用于求解大规模供水管网传感器布置优化问题的云计算平台,并能在城镇供水管网监测点选址上应用。

主要成果

在城镇供水管网中布置水质传感器可有效预警和降低安全风险,本项目主要关注供水管网中静态传感器布置优化的原理、模型和算法研究。主要研究成果如下。

(1)利用控制理论、矩阵理论对供水系统进行分析,并利用线性系统描述了水质水力传输过程,阐明了静态传感器布置与污染源定位的关系。

(2)以中等规模管网为研究对象,建立了静态传感器布置优化模型,提出了 Memetic 框架下多粒子群协同优化算法,并将该算法在仿真中与遗传算法、粒子群算法作比较,其结果显示多粒子群协同算法在搜索精度和速度方面具有一定的优越性。

(3)针对大规模供水管网优化的时间复杂度较高的问题,提出了基于 Spark 的并行遗传算法,并将该算法在实验仿真中与基于 MapReduce 的并行遗传算法作比较,显示所提出的算法在速度和扩展性方面具有较大的提升。

(4)在利用静态传感器污染源定位方面,从理论上证明了污染源定位问题是一个多峰函数优化问题,然后建立了污染源定位的优化模型,提出了一种基于 MapReduce 计算模型的改进遗传小生境优化方法,通过实验仿真证明了所提出的优化模型及方法的有效性。城镇供水管网水质传感器的布置问题是典型的高维组合优化问题,对于大规模优化问题的模型、算法、平台等基础理论框架研究具有重要的科学意义。在实践上,所取得的研究成果可为市政水务部门在城镇智能水务中监测点选址方面提供技术支撑,具有一定的现实意义。

(5)以第一作者或通讯作者发表期刊论文 12 篇(SCI 检索论文共 8 篇,其中中国科学院期刊一区论文 1 篇,二区论文 3 篇,三区论文 4 篇)。

转化与应用

本项目研究成果获国家发明专利 5 项,其中以第一发明人身份获国家发明专利 2 项。

本项目研究成果应用到某地区供水系统实时检测与应急响应系统中。

1.10　复杂多视图数据的表征学习及聚类算法研究

项目负责人：唐厂
项目来源：国家自然科学基金面上项目(61573324)
主要完成人：唐厂、孙琨、陈佳、黄晓辉、李正来、田斐
工作周期：2021 年 1 月 1 日—2024 年 12 月 31 日

项目简介

　　本项目旨在构建复杂场景下具备完整性、系统性的多视图数据表征学习及聚类框架和技术，探索不同视图之间信息融合的新方法，挖掘不同视图之间的一致性和互补性来提升对复杂多视图数据的处理能力。本项目从实际应用场景中凝练关键科学问题，突破制约多视图表征学习和聚类走向实际应用的技术瓶颈。本项目的整体研究框架如图 1-10-1 所示。

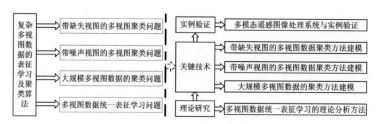

图 1-10-1　本项目的整体研究框架

主要成果

　　（1）针对当前多视图聚类方法中在构建各视图对应的相似度矩阵时强调一致性而忽略不同视图之间的互补性问题，提出了基于矩阵范数正则化约束多样性的多视图子空间聚类方法。一方面，通过单个视图的数据自表征构建相似图学习模型，约束不同视图学习的相似图尽量统一以挖掘多视图的一致性。另一方面，通过构建一个矩阵范数正则化项以挖掘不同视图间的多样性，根据不同视图信息的相似度为每个视图分配不同的权重，避免相关性高的视图被同时赋予较高的权重，因而可以有效地减小多视图之间的冗余性而同时增强多样性。提出的算法在手写字体、人脸、室内室外场景以及人体动作等相关多视图数据上取得了很好的聚类效果。

　　（2）考虑到多视图数据中往往存在很多噪声和冗余特征维度，提出了基于跨视

图样本相似度约束的多视图无监督特征选择算法。不同于以往在特征空间中的特征选择方式,该算法将特征映射到数据的类别标签空间,并将标签空间分解成多视图的共性部分和个性部分来挖掘多视图数据的一致性和互补性。同时,通过跨视角样本相似度约束保留了标签空间中原始数据的局部几何特性。经过该算法对手写字体、物体识别、文档、图像等多视图数据库中的数据进行特征选择之后,取得了更好的聚类效果。

(3)考虑到不同视图之间的信息互补性,创新性地提出了基于扩散模型的跨视图相似图融合算法。首先,根据各个视图生成独立的相似图矩阵,再通过挖掘不同视图之间的互补性,构造视图加权的迭代扩散模型,迭代更新每个视图的相似图矩阵。在迭代过程中,要考虑不同视图对应的相似图之间的关联。利用每个视图修正之后的相似图矩阵融合得到最终多视图共有的相似图矩阵,再利用谱聚类方法得到聚类结果,显著提升了多视图聚类算法的性能,并且该算法步骤中只涉及相似图的更新融合,计算复杂度也较低。

■ 转化与应用

本项目研究成果获国家发明专利 2 项。

发明人:唐厂、李显巨、孙琨、王力哲;专利名称:自适应网络遥感图像分类方法、计算机设备及存储介质;专利号:ZL202110971318.4;授权公告日期:2021-11-09。

发明人:唐厂、李正来;专利名称:一种基于多样性和一致性学习的谱嵌入多视图聚类方法;专利号:ZL201910728817.3;授权公告日期:2022-03-01。

1.11 基于图模型的图像显著性目标检测理论与方法研究

项目负责人:唐厂
项目来源:国家自然科学基金青年科学基金项目(61701451)
主要完成人:唐厂、宋维静、韩伟、杜波、高浪
工作周期:2018 年 1 月 1 日—2020 年 12 月 31 日

 项目简介

本项目围绕基于图模型的图像显著性目标检测方法,拟研究合理的图像多特征融合方法,建立有效的基于图像区域自相似性的图学习模型,研究更加精确的图像背景种子选取方法和优化的半监督学习算法。通过以上研究,有效解决基于图像显著性目标检测的图模型优化问题和适用于图像显著性目标检测的半监督学习的主要理论问题,为我国多媒体信息技术产业的发展奠定理论基础和技术支撑。

主要成果

(1)针对高维数据对机器学习算法性能的影响,本项目从特征提取以及特征选择两方面入手,建立了一套无监督特征选择和特征提取的方法体系,设计了一系列基于自表征学习的特征学习算法。不同于以往样本的自表征模型,本项目提出基于特征的自表征模型,并通过样本的局部几何相似性构建相似图,约束重构样本的局部相似性。特别地,考虑到以往的特征学习方法将特征选择和特征提取作为两个独立的任务,没有挖掘两者之间的内在关系,项目组前期通过数学理论分析发现,特征提取得到的新特征由原始特征通过加权得到。针对这一发现,项目组创新性地提出了一个基于特征选择的特征提取模型,通过给原始特征维度加上不同的权重组合得到最终的优化特征。该项研究成果可以很好地应用于对图像提取的高维特征进行降维处理,以期后续达到更好的性能。

(2)依托于本项目的资助,在深度神经网络的多层特征融合方面做出了许多突出的成果。深度神经网络在计算视觉和图像处理领域有很强大的特征学习能力,但是神经网络的不同特征提取层挖掘的信息不同,例如深层次的特征更加专注于场景的高阶语义信息,而浅层的特征更多的是表达场景的细节信息。如何对不同网络层提取的特征进行有效融合一直是一个亟须解决的问题。针对这一问题,提出了一系列跨层深度特征融合的图像模糊区域和显著性目标检测算法,有效地提高了深度神经网络不同层特征的表达能力,提升了深度神经网络不同层特征的利用效率,提升了深度学习在计算机视觉领域的性能,特别是在图像目标检测以及模糊检测和分析方面得到了成功的应用。

(3)针对当前多视图数据的学习和分析问题,提出了基于矩阵范数正则化约束多样性的多视图子空间聚类方法以及基于扩散模型的跨视图相似图融合算法。提出的算法在手写字体、人脸、室内室外场景以及人体动作等相关多视图数据上取得了很好的聚类效果,如图1-11-1所示。

转化与应用

本项目研究成果获国家发明专利1项。

发明人:唐厂、万诚;专利名称:基于加权低秩矩阵恢复模型的显著性目标检测方法与系统;专利号:201810739591.2;授权公告日期:2021-08-24。

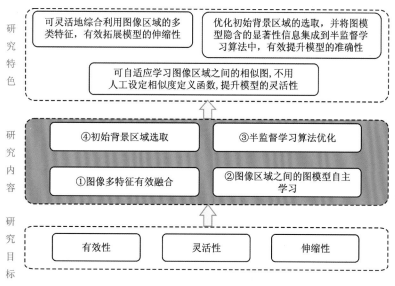

研究特色
- 可灵活地综合利用图像区域的多类特征,有效拓展模型的伸缩性
- 优化初始背景区域的选取,并将图模型隐含的显著性信息集成到半监督学习算法中,有效提升模型的准确性
- 可自适应学习图像区域之间的相似图,不用人工设定相似度定义函数,提升模型的灵活性

研究内容
- ④初始背景区域选取
- ③半监督学习算法优化
- ①图像多特征有效融合
- ②图像区域之间的图模型自主学习

研究目标
- 有效性
- 灵活性
- 伸缩性

图 1-11-1　本项目的整体研究框架

1.12　时间分数阶扩散系统的子区域能控性与最优控制研究

项目负责人:葛富东

项目来源:国家自然科学基金面上项目(61907039)

主要完成人:葛富东

工作周期:2020 年 1 月 1 日—2022 年 12 月 31 日

项目简介

本课题拟研究如何建立时间分数阶扩散系统子区域能控性的充要条件判定定理和设计策略,求解与之相关的最优化问题。通过本课题的研究,拟有效丰富和发展时间分数阶扩散系统控制理论,促进自动化学科、计算机科学与技术学科以及数学学科的相互融合发展,同时达到认识和避免反常扩散现象中可能发生的有害行为的目的,并实现控制过程的节能降耗,如图 1-12-1 所示。

主要成果

(1)建立高维耦合时间分数阶扩散系统子区域能控性的充要条件判定定理,研究与之相关的能耗最小最优控制,并将所得研究成果用于疾病传播研究中,进而为最优化的疫苗和医疗配置策略制定提供有效的技术参考。

(2)引入离散控制的思想,研究控制输入含不确定噪声的线性时间分数阶扩散系统的事件触发控制问题,且分析其不可能出现的 Zeno 现象,并将所得事件触发控制结果应用到非均匀物质的加热过程。

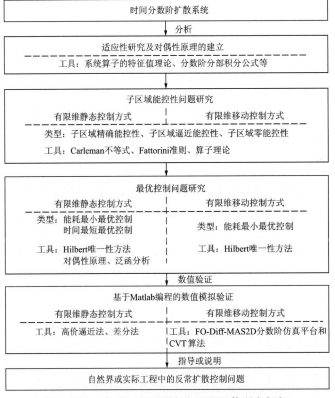

时间分数阶扩散系统

分析

适应性研究及对偶性原理的建立
工具：系统算子的特征值理论、分数阶分部积分公式等

子区域能控性问题研究	
有限维静态控制方式	有限维移动控制方式
类型：子区域精确能控性、子区域逼近能控性、子区域零能控性	
工具：Carleman不等式、Fattorini准则、算子理论	

最优控制问题研究	
有限维静态控制方式	有限维移动控制方式
类型：能耗最小最优控制 时间最短最优控制	类型：能耗最小最优控制
工具：Hilbert唯一性方法 对偶性原理、泛函分析	工具：Hilbert唯一性方法

数值验证

基于Matlab编程的数值模拟验证	
有限维静态控制方式	有限维移动控制方式
工具：高价逼近法、差分法	工具：FO-Diff-MAS2D分数阶仿真平台和CVT算法

指导或说明

自然界或实际工程中的反常扩散控制问题

图 1-12-1　本项目主要研究方法和整体研究框架

（3）推广探讨半线性时间分数阶扩散系统的事件触发控制问题，并考虑系统状态无法由观测器直接观测所得时的情形。具体为通过设计扩张状态观测器，对系统状态进行估计，进而设计出被研究系统的事件触发离散控制策略，并予以严格证明。

1.13　基于时间序列 Shapelets 的 u-Health 心电图可解释早期分类研究

项目负责人：李桂玲
项目来源：国家自然科学基金青年科学基金项目(61702468)
主要完成人：李桂玲、姜鑫维、刘文豪、闫汶和、白冰、徐绍林
工作周期：2018 年 1 月 1 日—2020 年 12 月 31 日

 项目简介

鉴于 u-Health 系统心电图的连续监控数据以时间序列的形式存在，而时间序

列 Shapelets 作为一种局部特征拥有极高的辨别性,项目基于时间序列 Shapelets 对心电图数据提取特征,利用提取的特征对心电图数据进行早期分类,实现心电图分类的较好的准确率、早期性、特异性和灵敏度。

主要成果

(1)时间序列的降维处理和 Shapelets 发现。①提出了一种基于关键点的时间序列 Shapelets 发现方法 PSKP(Pruning Shapelets with Key Points)。该方法首先对时间序列进行预处理,基于局部方差对时间序列的关键点进行检测,并且根据关键点提取 Shapelets,对候选空间中冗余的 Shapelets 进行剪枝。②提出了一种基于多特征字典表示和集成学习的时间序列分类方法。该方法首先提取原序列的均值信息和趋势信息并将它们符号化,接着基于 BoF(Bag of Feature)模式进行融合,然后采用多窗口集成的方式对时间序列进行分类。

(2)基于 Shapelets 的时间序列早期分类研究。①提出了基于随机选择策略的 Shapelets 发现的早期分类方法 EARSC(Early Random Selection Shapelet Classification on Time Series)。该方法在不丢失重要特征的前提下,通过带有先验知识的随机方法从时间序列中发现 Shapelets,加快了发现的速度,并通过实验证明了该方法的有效性。②提出了基于预测起点的 Shapelets 发现的早期分类方法 IEDSC(Improved Early Distinctive Shapelet Classification)。该方法使用一种基于预测起点的 Shapelets 剪枝方法,减少了候选者的数量;在 Shapelets 选择阶段设计特征选择算法,使选择的 Shapelets 更具多样性,并通过实验证明了该方法的有效性。

(3)心电图的特征提取及基于 Shapelets 的心电图早期分类研究。①基于特征融合的心电时间序列特征提取,并采用基于核函数优化的支持向量机对心电时间序列分类。在心电数据集上的实验验证了该方法的有效性。②将基于预测起点的 Shapelets 发现的早期分类方法 IEDSC 应用于医学领域的心电图早期分类。对一维和多维心电数据进行分类实验,从准确率、早期性、特异性和灵敏度的角度对分类结果进行分析,并且从心电图波形的角度分析所提取 Shapelets 的可解释性。实验分析表明,基于预测起点的时间序列早期分类方法 IEDSC 能够适用于解决心电序列的早期分类问题。

1.14　面向数据降维的深度核机器算法研究

项目负责人：姜鑫维
项目来源：国家自然科学基金青年科学基金项目(61402424)
主要完成人：姜鑫维
工作周期：2015 年 1 月 1 日—2017 年 12 月 31 日

项目简介

大量的高维数据的出现给数据分析和数据挖掘带来了极大的挑战,本项目对面向降维的深度核机器算法展开研究,在本项目的支持下,在降维理论和算法上取得了一些成果并在高光谱遥感图像分类、油藏模拟中的历史拟合等问题中得到了检验和成功应用,研究路线路如图 1-14-1 所示。

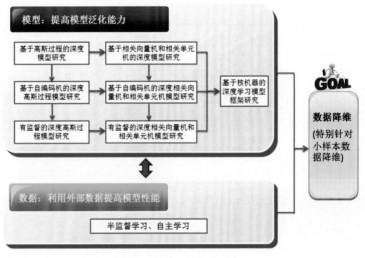

图 1-14-1　研究路线

主要成果

(1)提出了融合高斯过程和深度自编码机模型的有监督降维模型。

(2)提出了基于共享隐变量模型的共享核学习算法以及以此为基础的一类混合非参数模型和有参数的深度学习模型的算法。

(3)提出了新的空间感知的协同表示模型和平滑的稀疏表示模型。

(4)针对高光谱遥感图像分类、油藏模拟中的历史拟合等存在高维数据的问题,将项目组提出的算法进行检验和应用,取得了突破性的成果。

(5)依托项目研究成果,发表与项目相关的学术论文 12 篇(SCI 检索论文 9 篇,EI 检索论文 3 篇),出版学术专著 1 部。

转化与应用

依托项目研究成果,申请专利 5 项。项目研究成果在高光谱遥感图像分类、油藏模拟中的历史拟合等现实问题中得到成功应用。

1.15　面向设计重用的特征 CAD 模型检索及曲线 / 曲面重建方法研究

项目负责人:吴亦奇
项目来源:国家自然科学基金青年科学基金项目(61802355)
主要完成人:吴亦奇、胡成玉、杨鸣、张咏珊
工作周期:2018 年 1 月 1 日—2021 年 12 月 31 日

项目简介

设计重用对快速产品开发至关重要。管理软件计算机辅助设计(Computer Aided Design,CAD)模型检索是实现设计重用的关键技术,而通过对检索结果模型的修改获得所需模型是典型的设计重用方式。一方面,对 CAD 模型的检索不应仅依据其几何相似性,还需考虑建模语义的相似性,但从不含设计特征的几何模型中无法有效获取其建模语义;另一方面,在重用模型的过程中,对于参考模型中的曲线/曲面形状,难以实现特征建模下的高相似度重建。本项目对以上问题提出解决方案。首先,构建直接处理点云模型的深度神经网络,实现对任意类型三维模型的分类及设计特征组成分析,进而结合模型类别、设计特征组成及几何形状,实现基于几何信息和建模语义的特征 CAD 模型检索。然后,研究一种特征模型的曲线/曲面重建方法,基于分布估计算法构建优化模型,寻求最优曲线/曲面建模参数,实现特征建模中曲线/曲面的高相似度重建。本课题可解决 CAD 模型重用中的实际问题,对设计重用技术的发展具有理论意义和应用价值。

主要成果

(1)实现待检索三维模型的类别预测。

(2)实现待检索模型的设计特征组成分析。

(3)实现结合几何信息与建模语义的特征 CAD 模型检索。

(4)实现根据参考模型形状获取曲线/曲面在特征建模环境下高相似度重建的最优建模参数。

(5)依托项目研究成果,发表论文两篇,出版专著一部。

1.16　基于多源渐进有界模型的运动恢复结构方法研究

项目负责人:孙琨

项目来源:国家自然科学基金青年科学基金项目(61802356)

主要完成人:孙琨

工作周期:2019 年 1 月 1 日—2021 年 12 月 31 日

 项目简介

本项目通过分析效率需求与精度需求的内在关联,建立多源渐进有界模型,以基于分布感知和重建可靠性度量的多起点选择与边界检测为切入点,解决使用单起点时误差累积难以控制的问题;在此基础上,设计起点驱动的径向局部视点图划分算法和共享起点的并行框架,解决盲划分中可并行性和可重建性难以统一的问题,并对多视图特征轨迹整体优化模型的建立与求解进行研究,减少轨迹中局部匹配噪声给重建精度带来的影响。

 主要成果

(1)基于中心驱动图像划分的运动恢复结构方法。研究单起点到多起点的增量模式迁移方法,分析多个重建起点对于改善精度和效率的作用机理,建立运动恢复结构的多源渐进有界模型,进而实现精度性能与效率性能的统一提升。

首先,基于图像之间的相似性对图像分布的密度进行感知,在图像分布稠密的地方选择多个基聚类(base clusters)。每个基聚类包含一组相互之间场景重叠程度较大的图像,并被用于构建一个初始三维模型,即基模型(base model)。这种起点选择策略一方面保证了初始三维模型的精度,另一方面保证了重建过程自图像分布稠密的地方向稀疏的地方进行,从而减少了图像间场景弱重叠导致的误差累积。其次,将剩余图像划分成多个区域聚类(region cluster)。区域聚类的数量和基聚类的数量相同,且位于同一个区域聚类中的图像将从同一个基模型开始重建。该步中,基聚类被当作划分的中心,其余图像到该中心的距离用他们到基聚类之间的重建路径长度来度量。为了获得更快的重建速度,该方法进一步将每个区域聚类划分成多个以基聚类为中心、沿径向分布的多个子区域聚类(sub-region cluster),以便从同一个基聚类开始能同时对它们并行重建。该策略使得所提出的重建算法不仅能从多个起点对不同区域聚类并行重建,也可以从每个起点对它所在的区域聚类中的多个子区域聚类进行并行重建。实验效果显示所提出的算法在没有明显精度损失的情况下,在效率和模型完整性方面超过了现有工作。

该成果发表在 CCF B 类期刊 *Information Sciences* 上。

22

（2）基于混合高斯混合模型的图像特征点匹配方法。研究者发现，图像特征匹配的一个主要挑战是那些无法找到对应点的特征点，即噪声点。噪声点不仅导致额外的计算开销，而且更容易导致错误的匹配结果。在本方法中，首先根据特征点之间的匹配潜力将所有特征点划分成不同的层次。从最低层到最高层，特征点构成匹配的可能性依次降低，包含的噪声点也随之增加。算法从第一层开始寻找匹配，这样可以保证在噪声点较少的情况下得到一部分更加可靠的匹配。这些已经找到的可靠匹配可以作为有力的先验约束条件送入下一层，引导我们在包含更多噪声的条件下找到新的匹配，提升算法对于噪声的鲁棒性。

为此，本团队设计了一个新的数学模型来完成从最低层到最高层的特征匹配任务，该模型同时融入了已知匹配关系约束、特征相似性约束和空间一致性约束。在匹配第一层特征点时，将来自一幅图像的特征点看作高斯混合模型的中心，另一幅图像上的特征点看作在该高斯混合模型下的数据。通过优化一个一致的映射函数，使上述模型和数据最大限度地拟合，将问题转化为最大后验概率问题并求解。在匹配更高层特征点时，特征点分为两个部分：来自较低层次的已知匹配关系的特征点和来自较高层次的未知匹配关系的特征点。对于前者，我们给其高斯混合模型分配二值权重（0 或 1），让已知的匹配关系用来引导未知匹配关系的构建。对于后者，我们给其高斯混合模型按照特征相似性计算一个连续的权重，让特征相似性来引导未知匹配的构建。由于权重的组成既有二值部分又有连续部分，因此上述模型称为高斯混合模型。充分的实验证明，该算法对于噪声比率较高的情形有较好的性能。

该成果发表在国际知名期刊 *IEEE Transactions on Multimedia* 上。

1.17　加工时间可控的绿色车间调度理论与方法

项目负责人：卢超
项目来源：国家自然科学基金青年科学基金项目（51805495）
主要完成人：卢超、郑君、梁庆中、张咏珊
工作周期：2018 年 1 月 1 日—2020 年 12 月 31 日

 项目简介

绿色制造是制造业发展的必然趋势，而绿色车间调度是绿色制造的重要组成部分，也是制造领域的研究热点之一。同时随着市场经济的发展，考虑加工时间可控性的车间调度更符合实际生产需求。本项目以复杂生产环境下加工时间可控的绿色制造车间调度问题为研究对象，深入开展绿色制造系统智能优化调度理论与

方法研究。在模型上,构建复杂生产环境下面向经济、环境及社会效益一体化的车间调度模型;在方法上,针对不确定事件和绿色需求,设计出动态调度策略及节能减排策略,将问题领域知识与智能优化方法进行深度融合,研制出高效可行的多目标/高维多目标调度算法;在应用上,开发实验仿真优化平台,以验证所提调度模型和调度算法的可行性和准确性。本项目将为制造系统运行的高效化和绿色化提供新的理论与方法,促进理论成果的转化,具有重要的学术研究意义和工程应用价值,研究方案如图 1-17-1 所示。

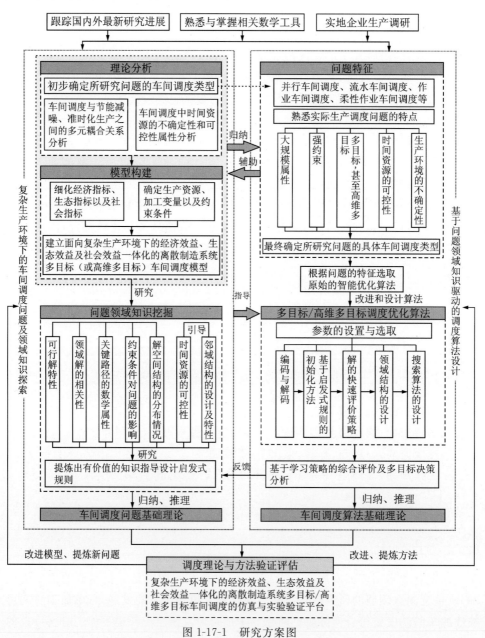

图 1-17-1　研究方案图

主要成果

项目已取得如下成果。

（1）提出了一种改进的混沌灰狼优化算法。

（2）提出了基于知识的多目标模因优化算法，用于求解不同工厂的可持续分布式置换流水车间调度问题。

（3）提出了一种新颖的多目标元胞灰狼优化算法，求解多目标混合流水车间调度问题（Hybrid Flow-shop Scheduling Problem，HFSP）。

（4）详细回顾了和声搜索算法（Harmony Search，HS）的基本概念，并对其功能优化的最新变体进行了综述。

1.18 云环境下基于文化基因算法的大规模异构无线传感器网络节能覆盖控制方法研究

项目负责人：樊媛媛
项目来源：国家自然科学基金青年科学基金项目（61501412）
主要完成人：樊媛媛、梁庆中、曾德泽、刘超
工作周期：2016 年 1 月 1 日—2018 年 12 月 31 日

项目简介

本研究以大规模无线传感器网络为研究对象，结合在部署时对节能的需求，从其覆盖控制的角度出发，综合异构传感器节点的感知模型和通信模型的特点，在保证覆盖和连通要求的前提下，以整个网络的最小能耗为目标，从大量冗余的传感器节点中选择最优工作子集。

主要成果

（1）基于成本效益的传感器布置。研究者考虑了不同类型传感器节点的通信能力、工作负载、运营成本等影响 WSN 网络能耗的因素，将能耗转化为部署成本，提出了在降低部署成本的同时，尽可能保证探测质量的有效方法。

（2）满足检测范围的多功能传感器布置优化。本研究以最小化所需传感器节点的数量和所有传感器节点的功能冗余为目标，研究了无线传感器网络中多功能传感器的配置问题。

（3）移动传感器网络 Sink 节点布置优化。本研究针对移动传感器网络中 Sink 节点布置问题，以可靠的通信质量和合理的成本控制作为两个主要目标，研究了移动传感器网络 Sink 节点布置优化算法。

（4）基于 Spark 计算模型的并行遗传算法设计。对于大规模无线传感器网络的传感器放置问题，提出了一种基于 Spark 的两阶段遗传算法（SGA），该算法在准确性和效率上均优于其他传统算法。

（5）依托项目研究成果，发表论文 4 篇。

 转化与应用

本项目的理论研究成果对提高和优化大规模异构无线传感器网络的覆盖质量和延长网络运行寿命具有直接的作用。依据本项目的理论成果，还实现了基于移动覆盖的传感器网络应用原型系统，以及用于人流量监测的原型系统，并申请了相关专利。以此为基础，能为异构无线传感器网络应用于各类资源环境监测及其他应用场景提供理论支撑和原型参考。

本项目研究成果获国家发明专利 2 项。

（1）发明人：梁庆中、樊媛媛、姚宏、颜雪松、胡成玉、曾德泽、刘超；专利名称：一种基于无线射频的卷钢仓库管理系统；专利号：ZL201510402333.1；授权公告日期：2019-04-05。

（2）发明人：梁庆中、樊媛媛、林启明、姚宏、曾德泽、颜雪松、胡成玉、刘超；专利名称：一种基于 Android 的无线局域网通信方法；专利号：ZL201610643265.2；授权公告日期：2019-08-20。

1.19 动态昂贵优化算法及其在供水管网突发性污染源实时定位中的应用

项目负责人：颜雪松
项目来源：国家自然科学基金面上项目（61673354）
主要完成人：颜雪松、刘超、熊慕舟
工作周期：2017 年 1 月 1 日—2020 年 12 月 31 日

项目简介

针对供水管网中突发污染事件引起的饮用水污染问题，利用传感器网络等技术手段快速准确地定位污染源位置及其影响范围，为饮用水安全保障提供有力的

技术支持,具有重要的现实意义。本项目针对此问题的基础理论、优化模型和算法进行研究:

(1)基于水力水质传输模型和管网动力学理论,从系统层面量化供水管网突发性污染源实时定位问题,并提出了相应的优化模型。

(2)使用高斯模型、泊松分布模型和自回归模型模拟用户水需求动态变化的规律,建立了污染源实时定位的动态优化模型,并提出了问题求解的相应算法。

(3)对昂贵优化模型进行适应性修改,提出并实现了基于高斯代理模型的动态昂贵优化算法,解决了突发性污染源实时定位中的计算昂贵性问题。通过本课题的研究,可以探索求解动态昂贵优化问题的基础理论及方法,具有重要的科学意义与应用价值。

主要成果

(1)建立了突发性污染源实时定位问题的优化模型。
(2)提出了动态环境下突发性污染源实时定位算法。
(3)提出了基于昂贵优化的突发性污染源定位算法。

转化与应用

饮用水是人类赖以生存的必需品,其安全性与可靠性一直备受人们关注。近年来,除日常生产生活中备受关注的供水管网水质安全问题,供水管网水质突发性污染事故也逐渐成为关注的焦点。自美国 9·11 恐怖袭击事件之后,许多国家开始纷纷担忧供水管网遭到物理、生物和化学方面的恐怖袭击,因此对于突发性污染事故的相关研究逐渐成为热点。而在我国,随着近年来工业化、城镇化水平的不断提高,日常生活供水安全正受到严峻的考验,供水管网突发性污染事件时有发生。仅 2015 年就有影响比较大的水污染事件 12 起(包括宜昌长阳蒙特锰业排污致水体污染;广东练江水污染;11·24 甘肃锑泄漏事件等)。因此,国内频发的饮用水突发性事故使人们再次对饮用水水质安全问题引起关注。如何保障饮用水水质安全、在面对突发性污染事故时如何采取应急措施将事故影响范围降低到最小,已成为饮用水安全领域最新的研究热点。供水管网突发性污染源实时定位问题是一个昂贵优化问题。由此而涉及的动态环境优化问题、昂贵优化问题的研究,是当前演化计算领域新兴的热点研究方向。通过对突发性污染源实时定位问题的研究,可以探索求解动态优化问题和昂贵优化问题的基础理论及方法,具有重要的科学价值。所得的研究成果可为市政管理部门在污染监测过程提供决策依据,具有重要的现实意义。

1.20 云环境下大规模给水管网污染源定位问题研究

项目负责人:颜雪松
项目来源:国家自然科学基金应急管理项目(61573324)
主要完成人:颜雪松、胡成玉、梁庆中
工作周期:2015 年 1 月 1 日—2015 年 12 月 31 日

 项目简介

近年来,饮用水污染事件时有发生,严重危害社会稳定和人民安全。本项目针对此问题的基础理论、优化模型和求解算法进行了研究:①利用矩阵理论、控制理论,建立了给水管网污染源定位问题模型,定义该问题为一个优化问题;②针对该优化问题的特点,提出了小生境遗传算法;③对 Map-Reduce 模型进行适应性修改,实现了基于云计算的小生境遗传算法,解决了大规模计算问题。通过本项目的研究,理论上构建了给水管网污染源定位问题的基础理论模型,探索了多种群协同算法在云环境下的求解模式,实现了理论和实践上的突破。

主要成果

(1)给出了污染源定位问题的初步模型。
(2)提出了小生境遗传算法。
(3)云环境下算法的并行实现。

转化与应用

通过本课题的研究,理论上构建了给水管网污染源定位问题的基础理论模型,探索了多种群协同算法在云环境下的求解模式,实现了理论和实践上的突破。

1.21 针对"数字微流控生物芯片布局与液滴路由"的 计算机辅助设计研究

项目负责人:陈小岛
项目来源:国家自然科学基金青年科学基金项目(61501411)
主要完成人:陈小岛
工作周期:2016 年 1 月 1 日—2018 年 12 月 31 日

项目简介

研究针对数字微流控生物芯片布局与液滴路由的计算机辅助设计,对人类健康意义重大。计算机辅助设计是运用于超大规模集成电路芯片物理设计的主要手段。本项目基于芯片实验室、大规模集成电路以及大尺度算法设计的最新技术,提出计算机辅助设计对数字微流控生物芯片布局、液滴路由优化设计的新方法,深入理解生物芯片的众多特性及限制因素以增强生物芯片的鲁棒性,发展计算机辅助设计对数字微流控生物芯片的应用。

主要成果

(1)通过对复杂型数字微流控生物芯片布局的单目标和多目标的优化研究,在满足生物芯片众多约束条件的前提下,对芯片布局进行多目标整体优化,不仅获得了良好的芯片布局,也为芯片液滴路由设计提供了支持(图 1-21-1)。

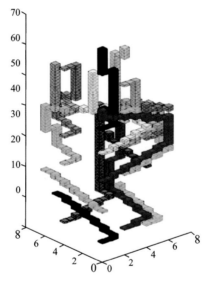

图 1-21-1　数字微流控生物芯片布局与液滴路由图

(2)深入研究了基于交叉熵的计算机辅助设计优化方法,并将此优化方法成功应用于数字微流控生物芯片的液滴路由设计中,达到了对芯片液滴驱动能力和对液滴驱动路程优化的目的。既得到了良好的生物芯片液滴路由设计,又验证了交叉熵优化方法的适用性与鲁棒性。

(3)对数字微流控生物芯片的片上不确定性进行了梳理、调研,针对不确定性对生物芯片带来的影响,项目组研究了基于监控传感器的容错设计,提出了生物芯片片上监控传感器最优部署方法,进一步增强了生物芯片的稳定性。

(4)依托项目研究成果,发表 SCI 检索论文 5 篇。

转化与应用

本项目组为研究数字微流控生物芯片设计体系中的重要环节,芯片布局与液滴路由,提供了方法与方案。

1.22 Machine Learning Algorithm for Gas Safety Monitoring

项目负责人:张锋

项目来源:香港科技合作项目(2020197001)

主要完成人:张锋、吴康恒、赵晓宇、赵帅赫、刘俊良、郭睿欣

工作周期:2020 年 3 月 18 日—2021 年 3 月 18 日

 项目简介

The combustion of natural gas produces potentially harmful gases such as carbon monoxide (CO), which may cause fire risks and harm operators. The gas safety control device manages the gas level and triggers an alarm when the level reaches a predetermined point. In this project, based on machine learning and blockchain techniques, we set up a gas sensor array to identify and estimate the concentration of some flammable or toxic gases.

主要成果

(1) This project sets up a gas sensor array consists of a series of sensors. These sensors have different target gas, which means that a gas sensor array can respond differently in different environments. We utilize this property to improve gas selectivity. Experiments are done by exposing the gas sensor array in reference gas samples and collecting the responding signal of all the sensors. With pattern recognition and data analysis algorithms, a global fingerprint of different patterns is generated from gas sample data.

(2) The project designs specific machine learning algorithms to measure the performance of the gas sensor array and proves their feasibility in gas safety monitoring. For example, it employs Support Vector Machine (SVM) to evaluate the accuracy in the gas discrimination predictions of a gas sensor array; it uses Gradient Boosting Decision Tree (GBDT), support vector regressor, and artificial neural networks to discriminate ethylene in this dynamic mixture and analyze the discriminative power of different concentration levels; besides, dimension reduction methods like Principal Components Analysis (PCA) are also used to visualize different clusters and select useful features from high feature dimensions.

（3）This project also implements a blockchain platform to support the running of gas monitoring. It implements functions，including the governance of gas distribution and consumption of users，the gas monitoring under the guarantee of user privacy and security，and so on.

转化与应用

A prototype system was built，evaluated，and applied in a natural gas company in HongKong. It has achieved the goal of safety，effectiveness，and efficiency. In addition，it has gained considerable economic profits and received positive feedback from users. With this research，we applied for a patent and published over four research papers in top journals.

本项目研究成果获国家发明专利1项。

发明人：张锋、赵帅赫、刘俊良、郭睿欣；发明名称：一种区块链常用密码学算法SDK包的开发制作方法及装置；申请号：202110680636.5；授权公告日期：2022-09-23。

计算机学院
学术成果汇编

10年

2012—2022

第二篇　遥感信息智能处理

导 言

　　计算机学院遥感信息智能处理方向主要面向我国遥感大数据信息提取与服务重大需求,专注于遥感数据地面高效处理与应用的关键技术,开展了系统的研究,形成了遥感软件云 Pipscloud、计算与算法自适配的遥感产品高性能生产技术、多要素耦合表达遥感质量提升框架、复杂地质背景遥感图像智能解译体系等创新性研究成果,在"质量、效率、智能"层面上具备了贯通型业务能力,相关成果应用于国产卫星高质量数据生产、大规模空间基础设施建设、复杂环境地质遥感解译等方面,特色鲜明,应用广泛。近年来承担国家重点研发计划,国家自然科学基金重点项目、国家自然科学基金国家杰出青年科学基金项目等项目。

2.1 基于半盲压缩感知的时空遥感图像融合

项目负责人:王力哲
项目来源:国家自然科学基金面上项目(41571413)
主要完成人:王力哲
工作周期:2016 年 1 月 1 日—2019 年 12 月 31 日

 项目简介

时空遥感图像融合利用高时间分辨率与高空间分辨率图像之间的信息互补来获得时间和空间分辨率都比较高的融合图像。当前时空遥感图像融合因为对信息互补利用得不够充分而难以重建复杂而丰富的细节特征。为此,本项目根据不同卫星图像的时空对应关系,把低空间分辨率图像作为对应时刻高空间分辨率图像的空域降采样数据,进而把时空遥感图像融合转化成需要同时求解采样矩阵和稀疏系数的半盲压缩感知问题。在求解过程中,基于时空遥感图像空域的关联结构和采样关系辅助构造半随机采样矩阵,以时空遥感图像稀疏表征系数的聚集和持续等特性为先验知识并给目标图像提供初值,最终在变分贝叶斯框架下进一步求解更加准确的采样矩阵和稀疏系数。

 主要成果

(1)针对高、低分辨率之间差异大导致融合获取的图像空间信息差的问题,研究通过多次最佳倍率的超分辨率方法叠加以获取空间信息的可能性,提出了多级超分辨率方法获取空间信息的时空融合模型,攻克了因过大的分辨率倍率导致的融合精度差的问题,在融合精度上相较于使用单一超分辨率方法的时空融合方法都有精度提升。

(2)针对因低空间分辨率的遥感图像的空间信息少而不足以支持空间信息获取的问题,研究从临近高空间分辨率图像获取空间信息的可能性,提出了使用 cycle-GAN 模拟时序过程生成图像及使用小波变换增强图像的方法来提升空间信息。该方法打破了惯有的从融合时刻的低分图像获取空间信息的桎梏,为时空融合,实现对空间信息的获取提供了更多可能性,在融合精度上相较使用的经典算法都有一定的提升。

 转化与应用

本项目算法应用自主研发的遥感数据预处理系统 pips 和多卫星数据中心遥感数据处理系统 pipsCLOUD,在"863"重大项目——星机地综合定量遥感系统与应用示范集成平台、国家发展和改革委员会遥感卫星应用国家工程实验室光学遥感数据处理系统等项目中得到了应用,如图 2-1-1 所示。

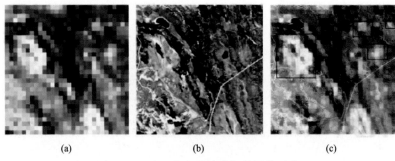

(a)   (b)   (c)

图 2-1-1 基于半盲压缩感知的图像融合

2.2　基于高分辨率遥感的露天矿区地表覆盖信息精细尺度分类

项目负责人:陈伟涛

项目来源:国家自然科学基金联合基金项目(U1803117)

主要完成人:陈伟涛、李显巨、高伟、周高典

工作周期:2019 年 1 月 1 日—2021 年 12 月 31 日

 项目简介

  提升露天矿区土地覆盖遥感分类体系的精细程度和分类精度,对绿色矿山和矿区"生态文明建设"具有非常重要的理论价值与现实意义。针对矿区精细地物遥感分类缺表征模型、缺敏感特征和分类算法等问题,围绕当前训练样本缺乏、样本特征代表性不强、矿区相同地物空间上尺度差别大等现象,基于多模态遥感数据特征,以集成学习为研究手段,开展了典型矿区地物分类研究;以"多模态多特征多尺度深度挖掘→多模型多级输出联合→联合注意力机制辅助——模型时空迁移分类"为主线,构建露天矿区土地覆盖遥感分类新方法。针对矿区土地覆盖训练样本缺乏、特征代表性不强的问题,提出光谱-空间、地形特征和适合于少样本的多模态分类模型,设计时空迁移策略,提升有限数据应用价值;针对矿区地物类间同质性大及类内异质性小的特点,综合考虑深度模型、传统机器学习算法及通道空间注意力机制的各模型组件协同作用,同时采用"中心点随机漂移采样"和"两级输出"的策略,突出地物类间异质特征,增强多特征的联合作用,显著提升了分类识别精度;针对矿区同类地物空间上尺度差别大的特点,设计多尺寸像元邻域和卷积的多流卷积神经网络分类算法,充分利用了多模态的光学-地形数据的空间邻域信息,提

升了分类识别精度。项目组结合少样本测试结果和时空迁移的效果进行泛化能力验证,均取得较好效果(图 2-2-1)。

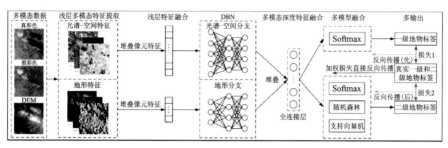

图 2-2-1　基于多分支深度置信网络和多模型融合的多输出算法技术路线图

主要成果

(1)系统开展了资源三号卫星数据质量评价。原始影像不存在明显噪声,光谱特征明显,便于地物提取识别;从图像信息量、清晰度、辐射特征等方面选取评价指标,对全色数据与多光谱数据分别进行计算,提取了数字地面模型(Digital Terrain Model,DTM)数据,进行了影像的大气校正、正射校正,并采用 GS 融合方法完成影像融合,对融合后 4 个波段进行评价。结果表明,工作区资源三号卫星数据质量较好,能够为相关研究提供高质量的数据支撑。

(2)提出了新型遥感信息分类表征方法。针对训练样本缺乏,特征代表性不强,制作多光谱多模态多尺度的数据集和高光谱数据集,基于资源三号卫星数据提取 7 类特征参数——光谱特征,主成分特征,高斯低通滤波特征,纹理特征,均值、标准偏差滤波特征,地形特征和植被指数特征,提取 100 多种有效低层的光谱-空间和地形特征,并设计坡向和坡度等级的遥感新型地形纹理特征,为解译矿区精细地物模型训练提供精准精细数据支撑。

(3)遥感敏感特征选择策略和分类模型构建。针对因地物类间同质性大及类内异质性小而带来的有效特征难提取的特点,在标签采样上设计了中心点随机漂移策略,增强了训练数据的多样性;在模型上结合矿区地物特征,尝试多种深度模型、传统机器学习及通道空间注意力机制的组合机制,加强模型深度重要特征提取能力及多特征的协同作用;在输出时结合地类多层级分类特点,设计双输出损失回传梯度机制,加强模型监督效果。以上采样策略、模型设计及双输出损失策略均有效地提升了矿区地物精细分类的精度。

(4)多模态地形数据空间邻域信息高效利用。针对相同地物空间上尺度差别大的特点,设计多尺寸像元邻域和卷积的多流卷积神经网络分类算法,充分利用了多模态的光学-地形数据的空间邻域信息,提升了分类识别精度。

(5)空间弱依赖时空迁移泛化能力模型构建。针对模型迁移效果差的问题,项目组设计了空间弱依赖数据集及少样本进行模型训练,构建了不同时空迁移策略,模型迁移取得较好效果,同时验证了设计模型的泛化能力。

转化与应用

本项目研究成果获国家发明专利 3 项,获软件著作权 1 项。相关成果直接服务于国家减灾中心,省、市自然资源行业等遥感专项工作。

2.3　差分演化算法中种群多样性的自主增强技术研究及其在高光谱遥感图像分类中的应用

项目负责人:杨鸣

项目来源:国家自然科学基金青年科学基金项目(61305086)

主要完成人:杨鸣

工作周期:2014 年 1 月 1 日—2016 年 12 月 31 日

项目简介

种群多样性是差分演化算法能够搜索到全局最优解的决定性因素。针对高光谱遥感图像分类这类高维多峰优化问题,现有算法的分类精度有待提高。本项目对差分演化算法中的种群多样性进行研究,设计一种基于种群多样性自主增强技术的差分演化算法,应用到高光谱遥感图像分类问题中,提高分类结果的精度。

主要成果

(1)本项目发现在演化过程中种群在不同变量维上的收敛特性是不同的。针对此实验发现,本项目提出了一种基于种群多样性自主增强技术的差分演化算法。根据每个变量维上的均值和标准差信息,判断种群是否收敛或进化停滞,采用高斯模型重新生成种群在此维上的信息,增强种群的多样性,消除进化停滞(图 2-20-1)。实验结果表明种群可以根据在演化过程中的信息进行自适应的调整,算法的全局寻优能力得到了增强。种群多样性的自主增强方法具有广泛的适用性,可以应用到采用种群优化的其他类型的演化算法中。

(2)最小距离分类器通常采用 $p=2$ 的范式计算样本间的距离。本项目将 p 值作为演化算法的个体编码,并以错分概率作为适应值函数。在训练阶段,采用基于种群多样性自主增强技术的差分演化算法对 p 值进行最小值优化,得到优化的 p 值;在测试阶段,采用优化得到的 p 值进行距离的计算,完成高光谱遥感图像的分类。实验结果表明改进的最小距离分类算法不受训练样本选取的影响,可以根据特定的样本集优化得到相应较优的 p 值,提高了分类精度。

(3)依托项目研究成果,发表 SCI、EI 检索论文 10 篇,在演化计算领域的国际权威期刊 *IEEE Transactions on Evolutionary Computation* 上发表论文 2 篇、在 *IEEE Transactions on Cybernetics* 和 *Evolutionary Computation* 上各发表论文 1 篇;出版与遥感数据处理相关的专著 1 部。

2.4 复杂地质背景区滑坡遥感识别中类不平衡学习方法研究

项目负责人:李显巨
项目来源:国家自然科学基金青年科学基金项目(41701516)
主要完成人:李显巨、陈伟涛、王力哲、陈刚、高鑫彧、唐壮
工作周期:2018 年 1 月 1 日—2020 年 12 月 31 日

 项目简介

基于遥感技术精准识别区域滑坡信息,对于滑坡灾害预测预警和防灾减灾等具有重要意义。基于分类的识别方法面临类不平衡问题,因此开展了类不平衡特征降维方法、过采样与深度生成方法融合策略等研究,并在矿区地物分类、花岗岩体识别、军事地质体解译等地质环境遥感应用中开展了类不平衡学习探索研究。

主要成果

(1)基于分类方法的滑坡精准识别面临两个问题:一是缺乏有效的平衡系数寻优方法;二是缺乏类平衡后的鲁棒敏感特征子集。因此,设计了一种能够获取类平衡后的鲁棒敏感特征子集的类不平衡学习方法,进一步完善了基于分类方法开展滑坡识别的遥感信息模型。

(2)提出了一种融合过采样和特征降维技术的类不平衡学习方法:首先,基于主成分分析内嵌合成少数类过采样技术(Synthetic Minority Oversampling Technique,SMOTE),增加训练集中少数类样本,并用分类算法和验证集确定过采样的倍数;其次,基于过采样后的训练集和特征选择方法,生成最终的训练集。

(3)针对滑坡遥感识别中滑坡和非滑坡对象类不平衡分类问题,采用深度学习数据生成理论和类不平衡过采样理论,提出了一种基于生成式对抗网络(Generative Adversarial Networks,GAN)变分自编码器(Variational Auto-Encoder,VAE)、SMOTE 和等度量映射(Isometric mapping,Isomap)的方法,实现少数类即滑坡对象特征向量的生成,从而提高滑坡对象的分类精度和总分类精度,为滑坡遥感识别精度提升提供基础数据。其核心思想是:基于 Isomap 内嵌 SMOTE 模型确

定平衡系数,即滑坡对象样本的扩充倍数;采用 GAN-VAE 模型生成滑坡对象特征向量。基于 GAN-VAE 模型和 KNN 算法的平均指标最高,达到了 65.88%,总精度为 74.89%,与基准方法相比,各指标分别提高了 6.70% 和 3.58%。总之,由提出的基于深度生成模型和类不平衡方法的模型能够获取高质量的滑坡对象特征向量,从而扩充滑坡对象样本数量,促进长江三峡地区滑坡和非滑坡对象分类精度的提升,并进一步提高滑坡遥感识别的精度。基于过采样与深度生成方法融合的滑坡遥感识别技术路线图如图 2-4-1 所示。

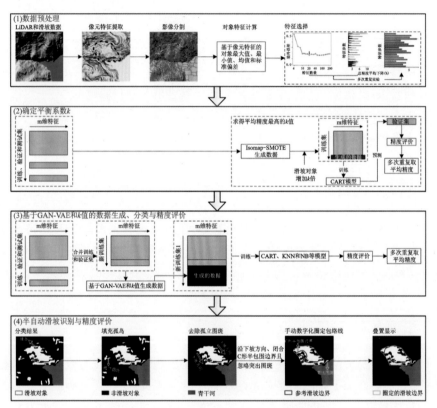

图 2-4-1　基于过采样与深度生成方法融合的滑坡遥感识别技术路线图

转化与应用

本项目研究成果获国家发明专利 1 项,并应用在地质环境遥感数据处理中。

发明人:李显巨、陈伟涛、王力哲、陈刚;专利名称:一种复杂背景区滑坡分类模型建立、识别方法及装置;专利号:ZL202110093373.8;授权公告日期:2021-05-04。

本项目研究成果获 2019 年度国土资源科技进步奖二等奖 1 项。

获奖成果:地质环境遥感数据智能处理技术及应用;获奖者:王力哲、张志、陈伟涛、陈刚、董玉森、李海涛、王旭、王少军、杨涛、李显巨;地质环境遥感数据智能处理技术及应用。

2.5 基于先验知识和深度模型的采矿区精细分类方法研究

项目负责人：李显巨

项目来源：国家自然科学基金面上项目（42071430）

主要完成人：李显巨、陈伟涛、董玉森、周高典、孙松、桂千山、王浩屹

工作周期：2021 年 1 月 1 日—2024 年 12 月 31 日

 项目简介

基于高分遥感技术获取复杂露天采矿区精细土地覆盖类型，对于智慧矿区管理及修复等具有重要意义。然而复杂露天采矿区的典型特征制约着土地覆盖精细分类精度的提升。尽管深度模型能够提取表征能力极强的特征，但是它对样本数据的大需求与遥感分类的少样本情况之间存在天然矛盾。因此，如何基于先验知识提供更多的输入信息并指导深度模型的设计，以充分挖掘多模态的数据，获取有效的特征表示，是提升矿区地物精细分类精度的关键科学问题。

主要成果

（1）基于双分支深度置信网络和多模型融合的双输出算法。

（2）基于光谱波段组合和地形数据的多输出卷积神经网络算法。

（3）基于双模态数据不同尺寸输入和多尺度卷积的融合算法。

（4）基于光学影像多尺寸输入的多层次和双模态特征融合算法。

创新点：在少样本情况下，设计了 4 种基于先验知识和深度模型的采矿区土地覆盖精细分类算法，并开展基于时空迁移策略的示范应用研究，能够打破当前深度模型对大数据样本需求的瓶颈。项目逻辑图如图 2-5-1 所示，基于模型-特征知识和随机漂移少标签的跨矿区场景时空迁移学习方法如图 2-5-2 所示。

复杂露天采矿区地物特点	精细分类数据特点	科学问题	研究内容
• 立体地形特征显著 • 遥感特征变异性强 • 光谱-空间特征同质性强	• 基础数据为多模态的多光谱影像和地形数据 • 分类模型构建的输入数据较少，即少样本情况	• 在少样本情况下，如何基于先验知识提供更多的输入信息并指导深度模型的设计，以充分挖掘多模态的数据，获取更加有效的特征表示	• 基于双分支DBN和多模型融合的双输出算法 • 基于光谱波段组合和地形数据的多输出CNN算法 • 基于双模态数据不同尺寸输入和多尺度卷积的融合算法 • 基于光学影像多尺寸输入的多层次和双模态特征融合算法

图 2-5-1 项目逻辑图

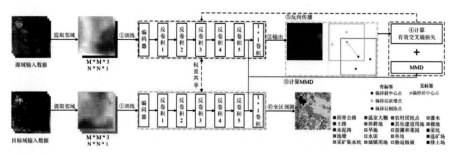

图 2-5-2 基于模型-特征知识和随机漂移少标签的跨矿区场景时空迁移学习方法

转化与应用

本项目研究成果获国家发明专利 1 项。

发明人:李显巨、孙凯威、陈伟涛、王力哲、陈刚;专利名称:一种基于多输出分类模型的分类方法、计算机设备及介质;专利号:ZL202110690722.4;授权公告日期:2021-09-21。

2.6　高空间分辨率遥感图像多尺度分割算法中尺度参数的自动优化

项目负责人:童恒建
项目来源:国家自然科学基金面上项目(41171339)
主要完成人:童恒建、王勇、刘超
工作周期:2012 年 1 月 1 日—2012 年 12 月 31 日

项目简介

国际上著名的面向对象图像分析软件 eCognition 中多尺度分割方法中的尺度等参数的选择严重依赖于用户的经验。本项目采用模糊推理系统,基于反演问题的思想,将试错过程从用户转到计算机执行,从分割结果的差分评价自动地反演出最佳尺度等参数,使参数的选择不依赖于用户的经验,提高了分割的精度和效率。

主要成果

(1)设计了 3 个模糊推理系统,分别对应尺度、形状与紧致度 3 个参数。模糊推理系统(Fuzzy Inference System,FIS)的设计包括模糊输入变量(Fuzzy Input Variable,FIV)的选择、模糊成员函数(Fuzzy Membership Function,FMF)的设计和模糊规则库(Fuzzy Rule Base,FRB)的设计。

（2）研究了分割评价体系和指标，设计了差分评价准则。基于反演问题的求解思想，利用分割后的差分评价，反作用于分割参数的自动选择。基于差分评价的思想，模糊推理系统通过比较子对象的特征信息和目标对象的特征信息，来评价当前的分割状态。根据这个评价，模糊推理系统将调整多尺度分割的参数；然后用新的参数重新作分割，再比较，再评价，再调整，直到最后达到（收敛到）理想的分割状态。基于反演问题的求解思想，利用分割差分评价的原理，将人工试错（Trial and Error）的过程改为由计算机完成。这是本项目的创新之处，效果令人十分满意。一般自动迭代次数不超过 5 次，就收敛到理想的目标状态，提高了分割的效率和精度。

（3）依托项目研究成果，发表论文 5 篇：其中 1 篇发表在美国摄影测量与遥感协会（成立于 1934 年）的会刊 *Photogrammetric Engineering and Remote Sensing*（SCI 检索，2013 年 IF：1.802；5 年 IF：2.042）上，EI 期刊 1 篇；中文核心期刊 2 篇（研究生第一作者，项目负责人第二作者）；国际会议论文 1 篇（EI 检索）（研究生第一作者，项目负责人第二作者）。

（4）为了实现研究目标，已开发了一个软件试验平台，软件界面如图 2-6-1 所示。该软件是在 Windows 平台下，基于开源软件 GDAL（www.gdal.org），用 Visual C++6.0 进行开发的。该软件具备图像处理系统的基本功能，如大图像的显示、放大、缩小、漫游、图像增强、图像分块、多幅图像合并、建立图像金字塔、多波段图像分解与合成、多尺度分割、分类方法、矢量化等，为下一步研究工作的开展打下了良好的基础。目前该软件已升级到 Visual Studio 2017 环境。

图 2-6-1　遥感图像分割分类试验平台

转化与应用

研究成果作为 eCognition 中一个辅助工具被用户使用。

2.7 空间细节保持的高光谱遥感影像条件随机场分类方法研究

项目负责人：赵济

项目来源：国家自然科学基金青年科学基金项目(41801280)

主要完成人：赵济、祁昆仑、韩伟、黄晓辉、高浪

工作周期：2019 年 1 月 1 日—2021 年 12 月 31 日

 项目简介

本项目关注高光谱遥感影像空谱联合分类方法研究,拟在条件随机场统一的概率框架下对光谱和空间信息的交互进行建模,综合深度学习强大的特征学习能力,开展空间细节保持的高光谱遥感影像条件随机场分类方法研究,在条件随机场中构建融合地物深度特征学习的光谱势能以及具有自适应邻域结构的细节保持空间势能,提升高光谱遥感影像的应用潜力。

 主要成果

(1)提出了一种面向分类任务的高光谱影像噪声波段探测方法。面向分类任务,对每一个光谱波段在分类中的相对作用进行建模,自动探测在分类中作用较小的噪声波段。通过考虑光谱波段在分类识别中的不同作用,提高光谱判别能力。

(2)提出了具有自适应邻域结构条件随机场空间势能构建方法。基于影像特征自适应地选择邻域结构建模空间交互信息,保留地物边缘和局部细小结构,增强算法的空间描述能力。

(3)提出了一种顾及光谱重要性的条件随机场高光谱影像空谱分类方法。基于不同的光谱特征在分类识别过程中的重要性不同,构建了地物敏感光谱信息的学习机制,可以学习具有类别区分性的关键光谱信息,提出了基于条件随机场的空间信息挖掘体系,利用空间信息抑制分类噪声的同时保持局部细节信息。

转化与应用

本项目研究成果获国家发明专利 1 项。

发明人：赵济、王力哲、王为琼、董宇婷;专利名称：一种顾及光谱重要性的高光谱影像空谱分类方法及装置;专利号:CN201910891041.7;授权公告日期:2020-03-19。

2.8 云计算环境下大规模多源遥感数据高效组织方法研究

项目负责人：阎继宁

项目来源：国家自然科学基金青年科学基金项目(41801363)

主要完成人：阎继宁、王志鹏、刘洪、黄晓辉

工作周期：2019 年 1 月 1 日—2021 年 12 月 31 日

项目简介

大规模多源遥感数据为检索、访问带来了巨大挑战，本项目旨在提出基于时空索引的大规模多源遥感数据高效组织方法。将遥感影像进行切分并建立空间标识，提高瓦片之间的空间关联性；建立时空索引提高海量遥感瓦片数据的检索效率；基于该时空索引将时空逻辑关联的瓦片数据集中存放在云存储的同一数据节点，提高海量瓦片数据的访问效率。

主要成果

(1)实现了海量遥感元数据高效检索。针对遥感数据海量、多源、异构等特征造成的数据检索效率不高的问题，构建了统一时空、语义基准下的时空索引模型，提出了基于 GeoSOT-ST 的时间、空间、数据类型等多属性联合索引构建方法，攻克了大规模、多源遥感数据元数据检索效率偏低的技术难题，应用于 Landsat、MO-DIS、HJ 等系列遥感数据管理，实现了 PB 级数据检索秒级响应。

(2)建立了大规模遥感数据存储优化机制。针对遥感影像数据单幅体量较大造成的分布式文件系统存储访问效率不高的问题，构建了基于一致性哈希算法的影像瓦片数据存储优化策略，将具有相似时空索引编码的遥感影像瓦片按照一致性哈希算法散列到相同或相近邻的分布式存储节点上(图 2-8-1)，攻克了原生分布式文件系统默认的机架感知副本放置策略造成的时空近邻数据访问效率偏低的技术难题，应用于 Landsat、MODIS、HJ 等系列遥感影像数据的访问中，相较于原生 HDFS 文件系统提升了 40% 的数据访问效率。

转化与应用

大规模多源遥感数据高效组织方法为来自不同传感器的海量遥感瓦片数据赋予统一的遥感语义及地学含义，以屏蔽多源异构遥感数据之间的差异性问题；通过建立时空索引以提高海量遥感数据检索效率及分布式数据访问效率。大规模多源遥感数据高效组织方法实现了海量遥感数据的快速检索与访问，有助于快速提取

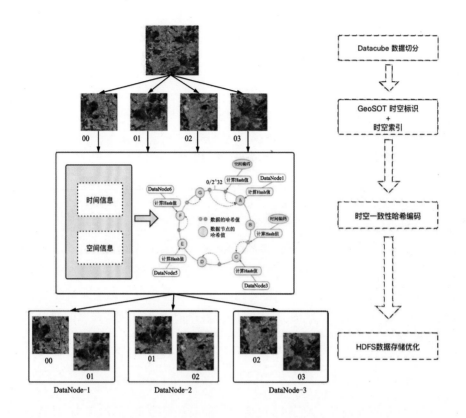

图 2-8-1　基于一致性哈希算法的遥感瓦片数据分布式存储优化图

其中潜藏的有价值对地观测信息，大大提高了"从遥感数据到决策分析"的效率。大规模多源遥感数据高效组织方法有力地支撑了卫星中心数据共享、场景虚拟建模、出租车运行轨迹规划等服务。

2.9　基于深度网络模型压缩与加速的高分辨率遥感图像在轨目标检测

项目负责人：刘佳
项目来源：国家自然科学基金青年科学基金项目（41901376）
主要完成人：刘佳、刘仁华、项健健、陈都
工作周期：2020 年 1 月 1 日—2022 年 12 月 31 日

📖 | 项目简介

高分辨率遥感图像在轨智能目标检测对于情报侦察预警、应急救援等领域至

关重要。基于深度学习的目标检测算法特征学习和表达能力强,能够显著提升检测精度,但模型参数多、计算复杂度高,与在轨平台对存储、计算、能耗的限制形成矛盾。本项目基于深度网络模型的参数冗余性和算法可并行性,以"降低参数数量—精简参数表达—并行计算加速"为主线,开展基于深度网络模型压缩与加速的高分辨率遥感图像在轨目标检测方法研究。

主要成果

(1)构建了支持遥感图像目标检测的大规模数据集。针对当前大多经典深度卷积神经网络模型参数量、计算量大,较难部署于计算、存储资源受限平台的问题,建立了一种基于轻量化特征提取网络和模型剪枝的遥感图像高效目标检测方法。方法以典型的双阶段、单阶段检测器为基础,统计分析模型参数量、计算量分布特点,在轻量化特征提取网络如 ShuffleNet、GhostNet、MobileNet 中融入注意力机制,替换检测器厚重的目标检测主干网,采用基于 L1 范数的卷积核剪枝算法去除剩余模型中冗余卷积核,极大降低了目标检测网络模型的参数量和计算量,保持了较高的检测精度。目标检测结果示例见图 2-9-1。

图 2-9-1　光学遥感图像目标检测结果示例

(2)建立了基于轻量化卷积神经网络的光学遥感图像高效目标检测方法。针对边缘设备能耗资源受限的问题,建立了一种能耗约束下的遥感图像目标检测模型剪枝方法。方法基于给定目标能耗值,将拟去除能耗按照计算量权重分配给模型各层,依据一种约束能耗的稀疏度自动搜索算法,获得目标检测模型各层的稀疏度,进行模型剪枝和微调。剪枝后的遥感图像目标检测模型能够保持较高的检测精度,以及较低的参数量、计算量,满足能耗约束需求。

📖 **转化与应用**

本项目研究对于实现有限带宽下传输有效数据最大化,以及提高海量高分辨率遥感数据目标检测时效性具有重要意义,项目研究成果可推广至卫星在轨、无人机机载数据实时处理,应用于防灾减灾、应急救援、精准农业等众多领域。

2.10　面向遥感图像分类的稀疏流形降维方法研究

项目负责人:宋维静
项目来源:国家自然科学基金青年科学基金项目(41801365)
主要完成人:宋维静、葛富东、罗晖、金敏、樊润宇、祝莹倩、胡淇、蔡茜、
　　　　　　皮香斌
工作周期:2019 年 1 月 1 日—2021 年 12 月 31 日

📖 **项目简介**

本项目针对具有复杂地物信息、繁杂背景噪声的遥感图像呈现出的新特点,研究基于稀疏表征的高维空间近邻分布模型,综合考虑地物的局部和全局特征,准确刻画其在高维空间中的流形分布;研究基于 KL 散度的相似性度量方法,实现高维空间流形结构有效的嵌入,获得均匀、可分的低维表示;研究轻量级基于卷积神经网络的泛化模型,准确构建高维空间与低维空间的直接映射。最终实现遥感图像类间可分性和类内一致性的低维表示,为遥感图像分类精度的提高提供底层支持。

📖 **主要成果**

(1)建立了基于增量字典的遥感图像稀疏表征方法。基于字典学习 K-SVD 方法,研究适用于遥感大数据稀疏表征的增量字典学习算法,即 IK-SVD 联合稀疏表征算法,综合利用了遥感类别数据集内的相似性和类间的差异性,基于遥感图像背景噪声与地物信息间的联系,提出了更有效的分布式联合稀疏表征方法,实现了遥感分类数据的准确、有效的稀疏表示。

(2)建立了基于混合高斯模型的遥感图像高维空间特征表征方法。基于遥感大数据稀疏表征统计规律,确定了遥感图像稀疏表征高维空间近邻分布模型,即混合高斯模型,综合考虑分类数据的全局和局部特征,实现了高维空间到低维空间的嵌入式映射;提出了基于 KL 散度的高低位空间差异性度量方法,改进了流形学习方法,实现了遥感图像的低维空间均匀、可分的低维表示。

(3)构建了适用于遥感图像分类的稀疏流形学习模型。针对流形学习泛化能

力差导致的新添数据无法依赖现有流形结构实现低维表示的问题,研究轻量级基于卷积神经网络的泛化模型,使新添遥感图像可直接映射在已有低维流形结构上,基于字典学习方法 IK-SVD 算法和混合高斯模型的稀疏高维空间近邻分布模型,构建适用于遥感大数据场景分类的稀疏流形学习模型,实现空间分布均匀、类内相似性与类间差异性较高的低维表示,实现复杂流形结构的遥感图像泛化表示,实现自适应、准确的高维到低维空间直接映射。

(4)依托项目研究成果,发表论文1篇。

 转化与应用

本项目的研究成果已被应用到遥感图像分类、地理要素关联性分析、地质灾害敏感因子分析等多领域,显著地提高了分析精度,为遥感图像大数据变换域分析,提供了可行的思路,丰富了遥感大数据时空分析的方法,为准确、高效挖掘遥感大数据蕴含的本征信息提供了有力工具,促进遥感大数据在地球科学多个领域的应用。

依托项目研究成果,获2个省部级奖项,申请国家发明专利2项。

2.11　融合多时空遥感数据的小水体超分辨率制图研究

项目负责人:杨小红
项目来源:国家自然科学基金青年科学基金项目(42001308)
主要完成人:杨小红、魏雨、喻梦辉、褚乾年
工作周期:2021年1月1日—2023年12月31日

 项目简介

针对小水体面积小、变化细微而频繁,单一源的遥感数据难以对其时空变化过程进行高精度监测的问题,本项目从小水体类别时空变化特征出发,研究构建联合小水体"光谱-空间-时间"信息的超分辨率制图新模型,实现小水体精细化制图和时空过程监测,为小水体演化趋势、恢复和重建良好的生态环境提供数据支撑。

 主要成果

(1)实现了基于多端元混合分析的光谱分解。端元选择模型的目的是确定混合像元内地物类型数目,并为混合像元分解模型提供各端元组分的反射率光谱,端元光谱的优劣直接影响混合像元分解的精度。本项目针对现有平均端元方法不能反映不同像元之间端元光谱的差异性的问题,构建了基于光谱相似尺度的端元优选和多端元混合分析的光谱分解。模型考虑端元光谱的空间差异性，有效地提高结果精度。

（2）"光谱-空间-时间"一体化多尺度时空超分辨率制图模型。从水体类别时空变化特征出发，探讨既能继承时间维亚像元细节信息，又能保持像元级整体结构信息的多尺度水体时空邻域系统建模方法，构建多尺度时空邻域模型。

构建联合"光谱-空间-时间"一体化的水体超分辨率制图新模型，进行模型优化求解，实现水体高时空分辨率制图。多尺度时空超分辨率制图模型水体提取效果示意图见图 2-11-1。

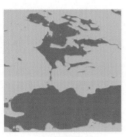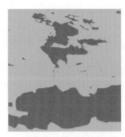

(a)参考图　　　　　(b)硬分类结果图　　　　(c)时空超分辨率制图结果

图 2-11-1　"光谱-空间-时间"一体化多尺度时空超分辨率制图模型水体提取效果示意图

转化与应用

本项目不仅能为小水体演化趋势、恢复和重建良好的生态环境提供数据支撑，还可以深化不同时空分辨率遥感影像数据融合理论与超分辨率制图理论的研究，进一步推动和促进高时空分辨率地物制图及技术的发展和应用。

本项目研究成果获软件著作权 1 项。

软件编写人员：魏雨、杨小红；软件著作权名称：基于多端元混合分析的时空超分辨率水体制图软件；编号：2020SR1152115；授权日期：2020-09-24.

2.12　基于遥感-TEM 优化模型的中纬度湿地生态系统碳循环方法研究

项目负责人：孔春芳

项目来源：国家自然科学基金青年科学基金项目（41201193）

主要完成人：孔春芳、徐凯、张丽红、江茜茜、阙翔、刘斌、胡庭清

工作周期：2013 年 1 月 1 日—2015 年 12 月 31 日

项目简介

利用遥感技术（Remote Sensing，RS）、地理信息系统（Geographic Information

System,GIS)、分形几何学及景观生态学方法研究江汉平原湿地生态系统 1985 年、1995 年及 2005 年的时空格局变化,并根据江汉平原的生态环境特征、地面通量及遥感模型估算其植被净第一性生产力(Net Primary Productivity,NPP)等数据,建立基于野外观测数据–遥感模型–陆地生态系统模型(Terrestrial Ecosystem Model,TEM),模拟江汉平原不同类型湿地生态系统的碳收支情况,在此基础上,定量分析 20 年来江汉平原湿地生态系统碳循环的特征及其源/汇强度时空格局,揭示中纬度区域湿地时空结构变化及其对区域碳循环影响的规律,为我国中纬度区域开展湿地生态系统碳循环影响全球气候变化定量化研究奠定基础。

主要成果

(1)武汉城市湿地景观时空动态演化研究。城市湿地是城市生态系统的重要组成部分,具有重要的生态环境调节和社会服务功能,为实现城市可持续发展提供重要的水资源和生态环境保障,因此,合理地开发利用湿地资源是城市可持续发展的重要前提。本研究在 RS 和 GIS 技术支持下,应用景观生态学原理与方法,对武汉城市湿地景观格局、过程、变化以及驱动机制进行分析研究,揭示其演变特征与演化规律,探求引起其发生动态变化的驱动因素,为城市湿地资源的合理利用与开发、城市生态环境的改善与治理,以及"湖城武汉"生态环境的可持续发展提供科学依据与信息支撑。研究取得的成果如下:1987—2005 年,武汉城市湿地总面积减少了 137.50 km²,其中自然湿地面积减少了 281.87 km²,相反,人工湿地面积增加了 144.37 km²;武汉城市湿地景观的类型结构发生了较大的变化,突出的表现为自然湿地景观所占比例逐渐下降,相反,人工湿地景观所占比例一直处于一种增加的趋势;武汉城市湿地景观的多样性减小,均匀度降低,优势度增大,城市湿地景观趋于同化;河流湿地、湖泊湿地以及沼泽湿地向着分散的方向发展,而滩地湿地与水库坑塘湿地向着聚集的方向发展;河流湿地、湖泊湿地的质心向西南迁移,水库坑塘湿地的质心向东南迁移,滩地湿地与沼泽湿地的质心向东北迁移。武汉城市湿地景观中,各种不同类型的湿地景观受人类活动的干扰都在增强,水库、坑塘湿地的破碎度最大,说明这一湿地景观受人类活动的影响程度最大。

(2)江汉平原生态系统 NPP 时空变化分析。NPP 由于受到太阳辐射、温度、水分等胁迫因子的影响,在各个季节差别较大。各种植被类型的 NPP 具有先增加后减小的特点(图 2-12-1)。1—2 月,NPP 的值较低;从 3 月开始,植物开始生长,月 NPP 值逐渐升高,随着时间的累积,植物体不断长大,光合作用不断增强,每月 NPP 总量不断增加;进入 6 月,累计值陡升;在 8 月达到顶峰,最高值为213.23gC/m²,NPP 平均值为103.7gC/m²;进入 9 月后,随着气温下降,植被停止生长并进入枯黄期,叶绿素含量下降,光合作用减弱,每月 NPP 总量明显下降;进入 11 月后,植被地上部分停止生长,NPP 值继续下降;到 2 月,植被的 NPP 值降到最低,月均值为16.1 gC/m²,最低值 0.11 gC/m²。同时,通过计算可知,江汉平原 NPP 的积累在 6—8 月,这 3 个月所累积的 NPP 值占全年 NPP 总量的 60%。而 12 月到次年的 2 月由于温度和太阳辐射量都是全年最低值,所以这 3 个月的 NPP 累积值最低,仅占全年 NPP 总量的 5%。

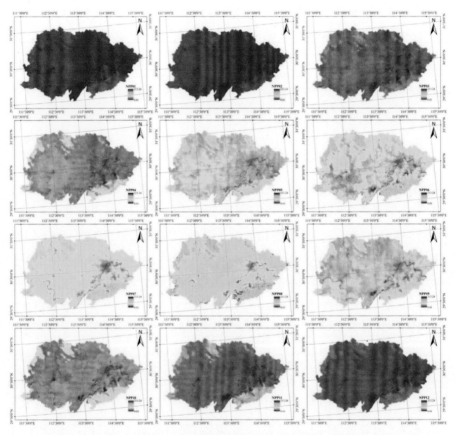

图 2-12-1 2010 年江汉平原 NPP 时空变化特征(gC/m²)

(3)中国陆地自然湿地 CH_4 排放研究。利用 TEM 模拟了 1995—2005 年中国区域自然湿地 CH_4 排放分布图,CH_4 排放量为 7.48Tg/a。中国西北和青藏高原区域是自然湿地主要的分布区域,也是 CH_4 排放量较多的区域,相比之下,华南区域湿地的 CH_4 排放量都较少。按照湿地类型对 CH_4 排放量进行比较,湖泊湿地 CH_4 排放量最多。1995—2005 年平均 CH_4 排放量结果显示,中国区域 CH_4 排放主要集中在 6、7、8 这 3 个月,其中 7 月全国排放量达到最大。

(4)依托项目研究成果,发表论文 3 篇。

2.13 基于多视图学习的高分遥感影像和 LiDAR 数据城市不透水面提取研究

项目负责人：罗晖
项目来源：国家自然科学基金青年科学基金项目(41801285)
主要完成人：罗晖
工作周期：2019 年 1 月 1 日—2021 年 12 月 31 日

 项目简介

融合高分辨率遥感影像和机载 LiDAR 数据的不透水面提取能够利用不同机理的观测特征,提取城市精细尺度不透水面分布信息,具有重要的研究意义。现有方法大多采用单一模型将高分辨率遥感影像和机载 LiDAR 数据叠加分析,缺乏对多源数据独特物理意义和统计分布的深入挖掘,忽略了实际问题中数据获取时间不同所带来的地物变化影响,限制了不透水面提取精度的提升。本项目将围绕多视图学习理论,发展基于多视图学习的高分辨率遥感影像和机载 LiDAR 数据城市不透水面高精度提取方法。如图 2-13-1 所示。

透水面
不透水面

图 2-13-1 美国纽约州布法罗市部分区域不透水面分布图

 主要成果

(1)多时相多源高分遥感数据不透水面提取算法。高分辨遥感光学影像上存在大量阴影,而 LiDAR 数据不受阴影的影响,因此融合光学的高分辨遥感影像与 LiDAR 数据进行精确尺度的不透水面提取具有重要的意义。然而由于 LiDAR 数据成本高昂,与光学高分影像同期的数据不易获取。该算法通过联合不同时相的光学高分遥感影像与 LiDAR 数据进行城市地区精确尺度不透水面提取。

(2)多时相高分遥感影像的变化检测算法。该算法采用 Dempster-Shafer Theory 融合变化向量分析、多元变化检测以及慢特征分析 3 个变化检测算法得到最终的变化检测结果,实验证明采用 D-S 证据理论进行融合决策,比单独变化检测以及简单融合可获取更高的检测精度。

(3)基于中等分辨率遥感影像组合解混提取不透水面的框架算法。该框架主要应用于含可见阴影的中等分辨率遥感影像不透水面提取任务,能够有效减少阴影和不透水面的混淆,并能进一步提高阴影下的不透水面解混精度。

第二篇 遥感信息智能处理

2012—2022

2.14 基于拓扑连接图分析的无人机倾斜影像增量式运动恢复结构方法

项目负责人:姜三
项目来源:国家自然科学基金青年科学基金项目(42001413)
主要完成人:姜三
工作周期:2021 年 1 月 1 日—2023 年 12 月 31 日

项目简介

针对无人机倾斜影像增量式运动恢复结构(Structure from Motion,SfM)存在的问题,本项目在充分挖掘拓扑连接图包含的节点连接及其重要性关系的基础上,形成一套满足"既准又快"定位定向需求的增量式 SfM 理论方法和解决方案,解决大倾角无人机影像特征匹配、高外点率下粗差剔除、全局约束模型构建、子场景模型合并等技术难题,实现无人机倾斜影像的稳健特征匹配和粗差剔除及分块并行化增量式 SfM 的稳健模型组合,为无人机倾斜摄影高时效性应用提供理论和实践基础,项目整体技术路线参见图 2-14-1。

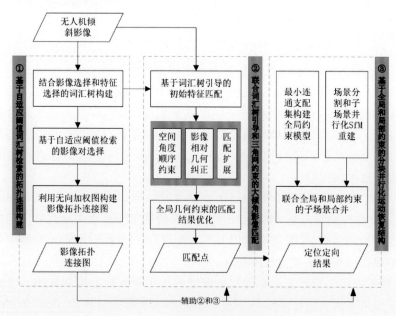

图 2-14-1 本项目的整体研究框架

(1)基于自适应阈值词汇树检索的影像拓扑连接图构建。基于无人机高精度位置与姿态测量系统(Position and Orientation System,POS)数据的拓扑连接图构建方法依赖地面高程且很难精确度量倾斜影像对的重要性。本项目采用通用性更高的词汇树检索方法。针对词汇树构建的高计算代价及有效影像对无法合理选择的问题,研究结合影像选择和特征选择的高效词汇树构建和影像索引方法;基于影像对相似性的空间分布特性分析,研究词汇树检索的影像对数量自适应选择方法;最后,利用影像对及其相似性值构建无向加权图表示的影像拓扑连接图。

(2)联合词汇树引导和三角网约束的大倾角影像特征匹配。针对全局搜索和最近-次近距离比值方法造成过多错误匹配,导致经典粗差剔除算法性能显著下降的问题,研究基于词汇树"单词-特征"索引关系的特征匹配引导方法,提高初始特征匹配的内点率;围绕稳健粗差剔除,利用 Delaunay 三角网构建匹配点拓扑连接图,研究高效的局部几何和辐射约束模型,实现高外点率下的渐进式粗差剔除;基于优化的匹配点拓扑连接图,研究三角网约束下的匹配扩展方法,优化匹配点的分布和数量,为影像定位定向提供精确匹配点。

 转化与应用

通过本项目的实施已形成了一套无人机影像数据空三软件。词汇树检索技术成功应用于山区图像检索与几何位置解算项目,有效解决了山区无地理位置标签图像的定位和信息采集难题。

依托项目研究成果,申请国家发明专利 3 项。

2.15 利用 PSInSAR 监测非城市区域地面形变的关键技术研究

项目负责人:董玉森
项目来源:国家自然科学基金青年科学基金项目(41001248)
主要完成人:董玉森、周锋德、姚凌青、刘江涛
工作周期:2011 年 1 月 1 日—2013 年 12 月 31 日

 项目简介

传统 PSInSAR 技术已经成功地应用于城市地面形变的监测当中,获得了精度达到 1mm/a 的地面形变速率场。但在永久散射体稀少的区域,传统 PSInSAR 的

关键条件之一永久散射体的分布密度无法达到要求，所以其应用受到很大的限制。本项目针对在非城市、永久散射体稀疏的区域制约 PSInSAR 应用的两个关键因素永久散射体的选择以及永久散射体的相位解算，分别提出相应的解决方案。利用相关系数、振幅指数综合的方法进行永久散射体的选择，并结合高分辨率光学卫星图像和时间相干系数对解决方案进行了验证；在传统 PSInSAR 相位分解算法的基础上，构建多层次的不规则三角网，利用相干矩阵的方法进行相位解算。项目以克拉玛依油田为试验对象，以 ENVISAT-ASAR 数据为数据源，检验新方法的可行性；并与当地油田的测量结果相对比，检验其可靠性。项目从技术方法上对 PSInSAR 进行改进，扩大了 PSInSAR 的应用范围。

主要成果

（1）PS 点选择算法。通过引入时间相干性指数，综合相关系数法、振幅离差指数法，进一步提高了永久散射体的精度。

（2）基于多层次不规则三角网的相位解缠。在研究中，采用多层次的不规则三角网与相干矩阵相结合的方式进行相位解算和相关因素的分离。由于大气效应的分布特征仍然遵循"时间上不相关而空间上相关"的特性，根据研究区的天气和地形条件，可以假设在一定的范围内大气贡献相位、DEM 误差相位以及噪声相位基本稳定。考虑到研究区内部的人工建筑分布特征：人工建筑形成聚集区（包括居民区、油罐区等），且聚集区的间距大部分不超过 1km，多数沿着公路呈线状和串珠状分布，因此在处理过程中依次降低永久散射体选择条件，逐级提高永久散射体的数量；根据永久散射体选择过程中的条件差异，初步将永久散射体进行分级，构建多层次的不规则三角网（这里将利用时间相关系数得到的永久散射体点作为第一层次，将用振幅法和相关系数法得到的点作为第二层次，分别建立三角网）。首先在第一层次的三角网上进行初步的相位解算，并估算大气效应和 DEM 误差。然后将这一结果导入到第二层次的三角网上且通过插值填充区域上大气相位，并重新估算大气效应和 DEM 误差，重新进行整个区域上的解算。该方法不但提高了解缠的精度，也解决了永久散射体技术在非城市区域的应用问题。

利用上述算法，得到了工作区地面沉降速率图（图 2-15-1）。

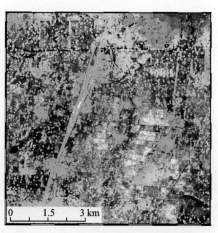

图 2-15-1　工作区地面沉降速率图
（图中红色区域为沉降区，其最大沉降量约为 0.02m/a，主要分布于城市和面积较大的居民区）

2.16 高分辨率多光谱遥感技术在大瑶山古龙地区寺婆成矿带寻找金银铜铅锌钨钼矿的应用

项目负责人：汪校锋

项目来源：广西壮族自治区遥感中心

主要完成人：汪校锋、徐凯、孔春芳、刘峰、马千里、李岩

工作周期：2014 年 1 月 1 日—2017 年 12 月 31 日

 项目简介

　　2014—2017 年中国地质大学（武汉）遥感技术研究团队在大瑶山古龙地区寺婆成矿带开展"基于高分辨率多光谱遥感技术寻找金银铜铅锌钨钼矿的应用"项目，建立了影像识别标志和工作区内金银多金属矿遥感找矿模型，圈定了遥感找矿预测区，如图 2-16-1 所示，并进行了实地验证，取得了良好的效益。

N　0　4　8　16km　 　*Favorable areas of gold deposit*

图 2-16-1　金矿预测区

主要成果

（1）建立了工作区内斑岩体、热液蚀变带、岩体与围岩内外接触带、断裂、褶皱等在 SPOT6 或 ZY-1 号影像中的识别标志。

（2）研究工作区内基于 ASTER 数据的成矿信息提取方法，并结合基础地质、矿产、物探、化探等已有工作成果，建立了工作区内金银多金属矿遥感找矿模型，圈定了遥感找矿预测区。

转化与应用

该研究深化了"广西矿产资源潜力评价"遥感专题认识，在重点成矿带取得了找矿突破。

2.17 "金土工程"新疆卫片执法监察系统

项目负责人：王勇

项目来源：横向项目（国土资源部）（20121964）

主要完成人：王勇、薛思清、王改芳、张霞

工作周期：2012 年 9 月 1 日—2013 年 12 月 31 日

项目简介

通过国土资源卫片执法监察系统的建设，可将疑似违法图斑集中到一张图场景中，直观展现疑似图斑、违法案件的分布，可实时统计各个行政区域内的违法案件数量和违法用地的面积和类型。可集成各个时相的遥感影像数据，通过变更调查数据、土地利用规划数据以及建设用地审批数据的集成，为执法监察部门的违法案件的核实和审核提供信息化的辅助手段。通过该系统的建设，可进一步加强与各个市、县(区)国土局的紧密联系以及相关信息共享，从而加大案件上报和核查的力度。该系统的建设，可将国土资源厅已有的信息化建设成果进一步集成与共享，为每年土地督察提供数据支持，为服务督察提供技术手段。

土地利用数据动态监测分析如图 2-17-1 所示。

遥感数据变化检测模块检测过程如图 2-17-2 所示。

主要成果

（1）基于人工智能技术以及 GPU&CPU 并行计算技术，设计开发了遥感影像

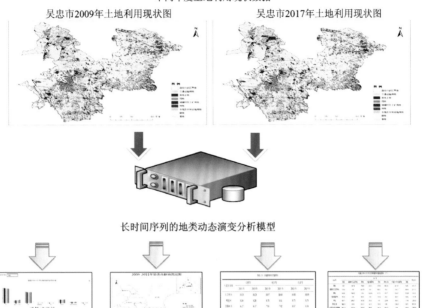

图 2-17-1　土地利用数据动态监测

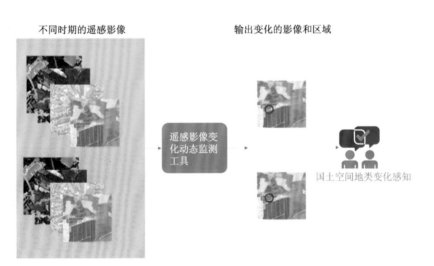

图 2-17-2　遥感影像变化检测过程

识别与变化检测模块。针对遥感影像数据量大、数据处理效率低下问题,提供了基于 GPU&CPU 并行解决方案,保证了遥感影像处理的时效性。

(2)基于人工智能的分类与检测方法,通过样本训练,提升了影像分类与识别的准确性。

(3)遥感影像分类与检测是一项专业性强的工作,预处理、处理、分析与验证流

第二篇　遥感信息智能处理

程复杂,通过全业务流程的解决方案,将遥感预处理、分析处理以及验证与结果展示统一管理起来,与实际应用贴合度更高,增强了数据处理的规范性,提升了工作效率和准确性。

(4)本项目获得 2014 中国地理信息科技进步三等奖。

2.18　多时相高光谱遥感影像稀疏亚像元信息提取方法研究

项目负责人:冯如意
项目来源:国家自然科学基金青年科学基金项目(41701429)
主要完成人:冯如意、马丽、田甜、韩伟、黄晓辉、刘志群
工作周期:2018 年 1 月 1 日—2020 年 12 月 31 日

 项目简介

　　为解决由于高光谱遥感影像广泛存在的混合像元问题,本项目研究者提出了空谱融合高光谱遥感影像亚像元信息提取模型,系统建立了"完备端元光谱字典学习构建—空谱融合混合像元稀疏分解—稀疏亚像元制图"的技术框架,攻克了高光谱遥感影像中混合像元地物组成确定、组分反演以及亚像元级空间位置确定等难题,大幅提升了高光谱遥感影像亚像元信息分析与提取的精度,为获取更可靠的混合像元分解精度和亚像元制图信息提供了技术支持。

主要成果

　　(1)针对高光谱遥感影像混合像元分解,引入稀疏表达、低秩表达、深度学习等信号处理领域的新理论与方法,提出了多种空谱融合的高光谱遥感影像混合像元稀疏分解方法,有效提升了混合像元分解的精度和效率。

　　(2)面对空谱融合混合像元分解复杂模型的优化与求解,考虑了可微稀疏求解模型及统计领域的几何优化策略,提出了基于 Bregman 散度的可微稀疏求解模型及最小角回归稀疏优化思想,有效地提高了模型解算的效率与精度。

　　(3)针对地物端元光谱在混合像元内部分布不确定的问题,引入了群智能优化与多目标稀疏优化思想,提出了基于群智能优化理论的时空亚像元制图算法与多目标稀疏亚像元制图模型,为亚像元制图的建模与求解提供了新的研究思路。

转化与应用

　　高光谱遥感影像混合像元分解算法被集成在测绘数据资源共享服务平台,可

对国内外卫星数据进行高效分解分析,提供高质量的数据分析产品。产品界面如图 2-18-1 所示。

依托项目研究成果,申请国家发明专利 2 项。

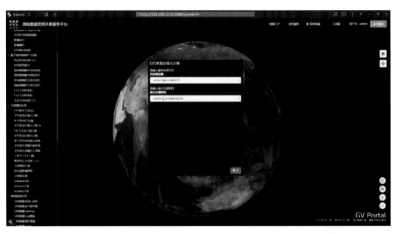

图 2-18-1　测绘数据资源共享服务平台高光谱影像数据分析界面

2.19　监利县绿化现状调查及建成区遥感监测与解译

项目负责人:郭艳
项目来源:监利县城市综合管理局项目
主要完成人:郭艳、刘福江
工作周期:2016 年 9 月 1 日—2017 年 5 月 31 日

 项目简介

为湖北省监利县创建国家园林城市,本项目利用高分辨率卫星遥感数据对绿色信息智能化提取,并对建成区的各项指标进行遥感监测和计算。其中建成区绿化覆盖率如图 2-19-1 所示。

(1)绿化现状调查及建成区遥感监测与解译。依据《城市园林绿化评价标准》(GB/T 50563—2010)、《城市绿地分类标准》(CJJ/T 85—2017)和《国家园林城市申报与评选管理办法》(建成〔2016〕235 号)等规范,对湖北省监利县 55km² 绿地现状调查及上报建成区内园林绿化遥感监测。

使用 WorldView-4 高分辨率遥感数据,对不准确的区域(点)现场校对;对全色、多光谱数据进行融合,参照1∶10 000地形图几何纠正,参考城市用地现状图、建成区内公园绿地分布图和主干道位置分布图,制作城市建成区遥感影像图。

应用归一化植被指数测算在 $55km^2$ 范围区遥感影像图上分类提取城市各类绿地信息,并对照实地情况进行复核。

对城市各类绿地面积(公园绿地、附属绿地、防护绿地、生产绿地和其他绿地)进行分类统计,计算城市建成区的绿地率、绿化覆盖率等各项绿化指标。

利用遥感影像解译的方法,查清范围区内绿地的面积分布情况以及申报国家园林城市范围内的绿地面积和分布状况。

(2)基于卷积神经网络的园林城市绿化植被信息提取应用研究。以减低园林城市绿化植被信息解译的成本为目标,研究一种结合归一化植被指数(Normalized Difference Vegetation Index,NDVI)与卷积神经网络(Convolutional Neural Networks,CNN)的植被信息提取方法,取得主要成果及认识包括以下几个方面。

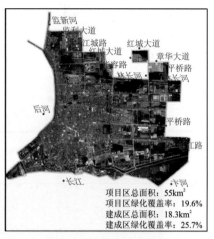

图 2-19-1　监利县建成区绿化覆盖率

①建立高分辨率的遥感影像植被信息提取的训练数据集和测试数据集。

②采用迁移学习完成 Inception_V3 模型对乔木、灌木草地、农田、水体、建筑物等样本数据的学习,通过参数调优与模型测试,形成一个可以准确分类样本数据的、对高分辨率遥感影像分类具有泛化能力的分类模型。

③使用 NDVI 提取高分辨率遥感影像植被信息,形成基础的城市绿化分类区域。

④将 NDVI 影像进行分割。分割影像使用训练得到的 Inception_V3 模型,根据分类结果快速明确误差所在区域,以便开展下一步人工校正。

主要成果

依托项目研究成果,撰写科技报告 3 份。

《湖北省监利县监利县建成区及规划范围现状影像图》(2017)、《湖北省监利县规划范围现状各类绿地分布图以及园林绿化现状调查报告》(2017)、《湖北省监利县园林绿化遥感技术鉴定报告》(2017)。

转化与应用

基于卷积神经网络的园林城市绿化植被信息提取方法能够快速明确误差所在区域,缩短后续人工进一步校正数据的时间,极大地减少了常规手动提取的人力成本和时间成本,能够为园林城市绿化监测中的植被信息提取提供一种新的思路,并对遥感影像的高精目标提取等方面的应用研究有重要的意义。

第三篇　数据科学与大数据技术

导言

　　计算机学院数据科学与大数据技术方向主要围绕地球科学大数据原理、方法及其在遥感、智慧城市、地质环境、生态、海洋等领域的应用,多目标优化、深度学习、复杂大数据建模等,开展智慧医疗、智能电网、社交媒体及智慧教育领域的大数据系统建模、分析、计算及决策应用等方面研究。近年来承担国家自然科学基金重点项目、国家自然科学基金面上项目、国家自然科学基金青年科学基金项目等项目。连续举办四届地学大数据国际研讨会。

3.1 基于地学大数据的城市地质灾害智能监测、模拟、管控、预警

项目负责人:王力哲

项目来源:国家自然科学基金联合基金项目(U1711266)

主要完成人:王力哲

工作周期:2018 年 1 月 1 日—2021 年 12 月 31 日

📖 项目简介

本项目以城市地质灾害为对象,基于多源城市地质灾害大数据,研究地学大数据数据模型和数据链模型,发展地学大数据分析、挖掘方法,研发地质灾害高性能数值模拟算法,建立基于地学大数据挖掘和高性能数值模拟的城市地质灾害决策支持系统模型。整体研究框架如图 3-1-1 所示。

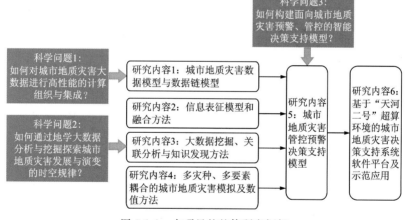

图 3-1-1　本项目的整体研究框架

📖 主要成果

(1)城市地质灾害大数据组织和管理。面向多源、异构、海量的城市空间数据高效检索及访问需求,针对多源数据统一索引、访问问题,使用遥感栅格数据、地理矢量数据、统计文本数据等,提出了基于统一时空基准的多维度索引方法,构建了多维度数据立方体索引模型,攻克了多源数据时空基准统一、多源数据元数据统一等技术难题,达到了多源、海量城市空间数据的高效检索;面向多源、异构、海量的

65

第三篇　数据科学与大数据技术

城市空间数据便捷访问及可视化需求,针对不同分辨率空间数据空间参考差异问题,使用 FY 系列 MODIS、Landsat、GF 系列等典型的全球尺度、区域尺度及局部尺度遥感影像,提出了不同空间参考的瓦片数据源混搭可视化设计方案,攻克了 Cesium 加载并切换显示多种比例尺数据源的技术难题,达到了多尺度空间数据的便捷访问及可视化。

(2)城市复杂地表大数据智能解译。提出了结合注意力机制和残差网络的遥感影像场景分类方法,攻克了城市高分遥感数据语义复杂、地表破碎的难题;提出了一种基于样本差异性选择与半监督协同训练的小样本场景分类方法,解决了城市高分遥感影像场景分类问题中突出的小样本问题;提出了采用多尺度特征提取、旋转区域建议网络、倾斜非极大值抑制、感兴趣区域上下文池化、软非极大值抑制、多任务语义分割网络加实例分割等方法,解决了城市复杂地表环境下弱小目标检测的难题;构建了遥感敏感特征"提取-组合-融合"的技术框架,解决了复杂地表光谱-空间和地形异质性引发的解译精度低的问题。

转化与应用

依托项目研究成果,申请国家发明专利 12 项,获软件著作权 3 项。

本项目以深圳市为实验区域,基于"天河二号"超算平台,开展三维地质模型、大数据分析以及应用验证。

3.2　城市地质环境时空透视与大数据融合关键技术

项目负责人:刘刚
项目来源:国家自然科学基金联合基金项目(U1711267)
主要完成人:刘刚、谢忠、蒋良孝、关庆锋、金亚兵、陈亮、何珍文、龚淑云、田宜平、吴嘉婧、张志庭、张夏林、翁正平、李新川、李章林、张军强、刘军旗
工作周期:2018 年 1 月 1 日—2021 年 12 月 31 日

项目简介

该项目结合基础地质、地质灾害、水环境和土地污染监测地质环境大数据,以"天河二号"超算平台为基础,开展了城市地质时空大数据的高性能处理平台架构、

地质时空大数据分布式索引与动态调度机制、大规模多尺度地质体的动态、精细三维建模和可视化表达技术以及多主题动态地质时空大数据融合与挖掘方法等方面的研究，形成了城市地质环境大数据处理与分析的核心技术方法体系，地质时空大数据高性能处理计算架构如图 3-2-1 所示。

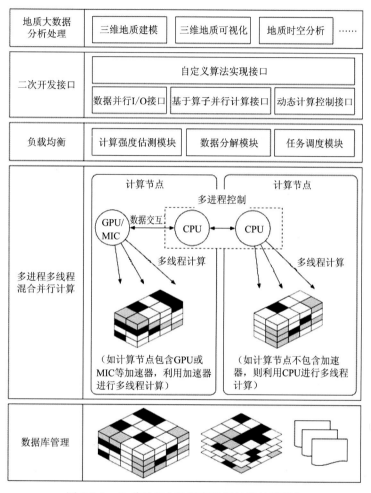

图 3-2-1　地质时空大数据高性能处理计算架构

主要成果

（1）提出了基于超算环境的地质时空大数据高性能处理平台架构，构建了多维度地质大数据处理分析计算强度时空表征模型，实现了基于静态数据集的离线并行计算和基于动态数据流的实时并行计算，为集成分布式地质时空大数据引擎、三维地质建模组件、三维地质可视化组件、地质时空数据融合与挖掘组件和城市地质环境专业应用软件等提供了平台支撑。

第三篇　数据科学与大数据技术

（2）面向城市地质环境大数据管理需求，提出了地质时空大数据分布式索引与动态调度机制，实现了城市地质环境多主题、多类型地质时空数据的统一表达，基于 Hadoop 生态环境构建了适合大规模复杂地质体对象集合访问的优化调度策略，为多源多维异构异质的地质时空大数据一体化存储、管理和调度提供了高性能的数据访问接口。

（3）研发了大规模多尺度地质体的动态、精细三维建模和可视化技术，实现了顾及地质体内部的构造、地层、沉积相、各类属性信息的结构-属性一体化全息、精细建模，建立了基于地质知识推理的地层快速对比以及多尺度耦合的模型局部动态重构方法体系，并基于"天河二号"异构超算环境实现了精细网格的三维地质结构和属性模型的快速自动构建。

（4）提出了多主题动态地质时空大数据的融合与挖掘方法体系，研究了泛结构化时空数据的动静实时组合、空间插值、稀疏融合、压缩感知、众包学习、多项式朴素贝叶斯网络、基于地质本体的多主题关联挖掘分析等系列方法，为大数据环境下地质时空数据的动态监测分析、时空透视和智能管控等提供了支持。

（5）依托项目研究成果，在国际和国内重要期刊发表论文 54 篇。

转化与应用

该系列项目获授权发明专利 8 项、软件著作权 4 项。项目研发成果不断转化和集成于行业应用产品 QuantyView 中。目前已经在深圳市地质资源环境调查、贵州省省域玻璃国土建设中得到应用，有力支撑了城市地质环境大数据管理、挖掘与分析工作，实现了科技成果的转化，产生了显著的社会和经济效益。

3.3　基于空间关系的社交网络融合建模及社区发现研究

项目负责人：陈云亮

项目来源：国家自然科学基金面上项目（62076224）

主要完成人：陈云亮、邓泽、王媛妮

工作周期：2021 年 1 月 1 日—2024 年 12 月 30 日

项目简介

由于社交网络用户超过世界总人口的 1/3，并且还在不断增加，因此我们非常希望能够发现当地社区的用户共享相似话题、观点、偏好和社会关系。它让我们深入了解本区域、国内或全球的社区结构需求,并及时追踪这些区域的趋势或热点事件。本项目对空间相关社交社区的研究旨在提供先进的 IT 工具和技术,并为这一研究方向铺平道路。本项目所提供的先进知识将非常有利于政府代理商和企业进行更精确的分析和更好的决策,同时因为项目的研究对象社交网络可能是当今世界上最大的信息系统之一,这也将推动大数据管理和分析的研究。

主要成果

随着超过世界人口 1/3 的社交网络用户不断增加,空间关系与社交社区融合关联的新兴意义越来越受到人们的关注。然而,相关的信息技术明显滞后,常规的社交社区发现技术仅聚焦于社交网络的图结构。而基于初步研究,认为现有的技术不能解决空间相关的社交社区的发现问题,因为对空间信息的关注将生成非常不同的社区融合模型,并引出了一系列非常具有挑战性的技术问题。我们认为对这个重要问题的完整研究是必要且迫切的。项目在理论研究和实验工作中展开。在理论研究方面,针对新的社区融合模式进行全面研究,并基于所提出的理论模型开发一套用于发现新社区的算法及社区索引技术。为了验证以上理论结果的正确性并评估所提出算法的性能,进行了原型设计,如图 3-3-1 所示,并且基于实际数据集进行了大量实验,从而评估设计性能。

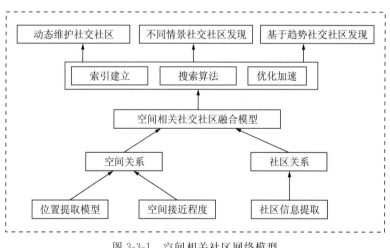

图 3-3-1　空间相关社区网络模型

转化与应用

项目提供的具有空间关系的社交信息,将有利于政府机构和企业对线上线下政企活动或商业行为提供精确的分析并做出更好的决策。

3.4 存储系统中数据块的语义关系量化研究

项目负责人:陈云亮
项目来源:国家自然科学基金应急管理项目(61440018)
主要完成人:陈云亮、陈小岛、邓泽
工作周期:2014 年 12 月 1 日—2015 年 12 月 31 日

项目简介

本项目研究的关键问题是如何进行数据中心内存储系统中块的语义关系定量表述与发现。以往数据组织与管理的机理依赖于某些块的语义关系,比如时间相关性、空间相关性、顺序性抑或是多个块之间"有关系"等。缺少块的语义关系定量表述将对存储系统在数据预取、高速缓存、数据放置、调度等环节产生影响。该研究将以网络用户访问流为研究对象,以数据块的关系图(数据块网络)为工具,揭示块与块之间的定量语义关系,进而得到块与块之间关系更深层次的立体网络表达。本项目建立了多数据流访问下的块语义关系分析与获取系统;将得到的块语义关系图作为实际应用系统的数据组织与管理的理论依据,测试对实际系统的性能影响。

主要成果

本项目主要研究如何进行数据中心的存储块的语义关系定量表述与发现,并将块语义关系图作为数据组织与管理的理论依据,探讨它对数据中心的实际意义。项目组提出一种新的网络图结构用来解决这个问题,如图 3-4-1 所示。

其中,节点表示物理块,边表示两个块之间存在空间或者时间上的关联,边的权值表示关联程度。在存储系统中对历史访问数据分析后,便可得到一种量化的数据块的语义网络模型,该网络模型可将数据块之间的语义关系采用定量的方式表达。将块的语义关系往来用

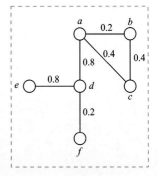

图 3-4-1 数据块的语义
网络图

于存储系统中的预取性能的测试,通过计算块的语义关系能准确地得到访问模式,也就是说下一个或者下一批的存储块可以被检索出来。对比传统方法,提出的 UGEP 量化模型在 CELLO92 系统中 IO 相应速度分别提高了 23.7% 和 17.9%,并且访问命中率也提高了 16% 和 8%。

转化与应用

本项目将对大规模的数据组织和存储体系的发展提供数据块级的语义支持，可更好地服务于智能化的云计算级存储系统的基础设施建设。

3.5 基于多源异构数据的大数据云平台系统研发

项目负责人：陈云亮
项目来源：企业横向合作项目
主要完成人：陈云亮、陈小岛
工作周期：2019 年 12 月 1 日—2024 年 12 月 30 日

 项目简介

在 Kubernetes 集群中，资源的调度对于整个集群来说尤为重要。良好的资源调度除了在一定程度上提高集群资源利用率，还可以使成本最小化。本项目针对 Kubernetes 资源调度算法存在的问题，对 Kubernetes 默认的资源调度模型进行改进，进一步丰富了 Kubernetes 在资源调度策略上的多样性和优化了资源调度策略的性能，从而提高集群资源利用率和任务调度效率，降低集群成本。

 主要成果

（1）提出 CMN 节点资源评分模型。Kubernetes 默认调度算法在进行资源调度时，其节点资源评分策略只考虑了节点的 CPU 和内存的资源情况，并没有考虑网络因素，而 Pod 任务的执行首先就需要部署节点从远程镜像仓库下载基本的运行环境——容器镜像。本项目在 Kubernetes 原有的节点优选策略上增加了网络因素，并构建了一种多约束下的 CMN 节点资源评分模型，在该模型中节点评分由 CPU、内存和网络资源的综合状况计算得出。实验表明该模型相比 Kubernetes 默认的 default 调度算法，每个任务创建花费的时间平均减少 17.86s。

（2）提出基于镜像存在机制的辅助性策略。针对一些研究改进的 Kubernetes 资源调度模型虽然考虑了网络因素，但没有将网络因素适用条件考虑全面的这一问题，本项目详细地分析了网络因素在给节点评分时的适用条件并提出了一种基于镜像存在机制的辅助性策略。该策略详细分析了调度任务实际需要下载的镜像大小，并依据节点上存在任务运行所需的镜像大小来给节点进行综合评分，从而为调度任务筛选出最佳部署节点。实验表明启用了辅助性策略的资源评分模型相比未启用辅助性策略的资源评分模型，每个任务创建花费时间平均减少 14.62s。

转化与应用

该项目已在甲方大数据云平台实施,性能超过传统调度模型。

3.6 大规模空间数据挖掘关键技术研究

项目负责人:郭艳

项目来源:国家高技术研究发展计划(863 计划)项目"大规模空间数据融合分析关键技术与应用服务系统"(2014AA123001)的子项目

主要完成人:郭艳

工作周期:2014 年 8 月 1 日—2017 年 8 月 31 日

项目简介

本项目的目标是研究云环境下大规模地理空间数据动态挖掘技术,包括时空关联/序列规则、时空特征/区分规则、时空分类/回归规则、时空聚类/函数依赖规则等 4 个方面的动态挖掘和知识发现方法。地理空间数据动态挖掘引擎架构(图3-6-1),为大规模空间数据融合分析提供有关动态挖掘方面的技术支撑。

(1)基于主动学习的遥感大训练样本选择优化。本项目以全球森林覆盖变化检测系统的 Landsat ETM+遥感大训练样本数据为研究对象,研究样本的不确定性度量,分析不同训练样本对分类的影响,采用聚类方法和主动学习中的基于不确定性采样策略,设计遥感训练样本迭代学习系统,在训练样本的选择过程中考虑候选集的样本不确定性差异以及样本的分布,选择有价值的样本加入训练集中进行学习以更新分类模型,实现从分类结果的精度评价自动反演出压缩比高的训练样本集合,提高分类模型的分类精度和泛化性。开发基于移动 GIS 和 Android 平台的大众自发地理信息采集系统,并将该系统应用于遥感训练样本迭代学习系统中,通过融合自发性已标注地理信息提高训练样本的质量以及分类结果的可靠性。项目研究取得主要成果及认识包括以下几个方面:①针对全球森林覆盖分类问题,采用基于边缘采样的主动学习选择策略进行遥感大训练样本的优化选择。②为了在大规模样本集合中选取部分有意义的样本,对分类器进行训练,使用多种提高样本多样性策略避免信息冗余,获得代表性样本、不确定性样本和边界样本。③实现了基于移动 GIS 和 Android 平台的志愿者地理信息采集与处理系统,通过该系统大众用户可以随时随地使用手机自发地提供自己的地理信息——带有坐标点的图片和样本数据,这些自发的地理信息成为遥感影像分类系统需要的新的样本数据来源。

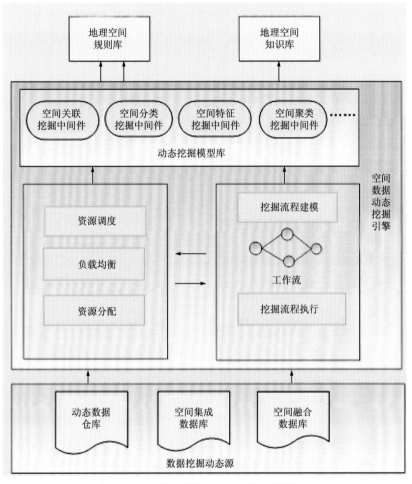

图 3-6-1　地理空间数据动态挖掘引擎架构

（2）一种针对移动安全区域的智能监控系统。基于 LBS 的地理围栏关键技术的研究，得到一种自适应的安全监控技术，该关键技术包含实时定位、数据存储以及数据分析模块。首先通过 A-GPS＋WiFi 的定位形式对学生与老师进行实时定位，存储学生与老师的实时位置经纬度以及危险区域坐标等信息，通过对学生和老师的实时信息进行 GIS 数据空间分析，得出自适应安全区域的确定方法、学生是否在安全区域的判定方法以及预警反馈方法。自适应安全区域的确定方法主要利用动态缓冲区分析和叠加分析，将动态安全区域与危险区域缓冲区空间叠加，同时比对安全区域边界的经纬度信息与预设的危险区域边界的经纬度信息，去除原安全区域内部的危险区域，得到自适应安全区域；再通过对每个学生的具体位置信息与自适应安全区域边界位置信息对比，判断学生是否在自适应安全区域内部，若学生不在自适应安全区域内，利用设计的预警反馈机制实现警报。对安全智能监管技术设计实地测试，结果表明该技术可行。

第三篇　数据科学与大数据技术

主要成果

(1)依托项目研究成果,发表论文 4 篇,其中 SCI/EI 检索论文 4 篇。

(2)课题获科技部基础类项目 1 项,经费 3 万元[国家高技术研究发展计划(863 计划)课题"大规模空间数据融合分析关键技术与应用服务系统"(2014AA123001)的子课题]。

转化与应用

以全球森林覆盖变化检测系统为研究背景,在标签样本数量过多的情景下(多达几十万个),应用主动学习样本选择策略法有目的地挑选原始数据中信息量大的标签样本,不仅可以对森林覆盖变化检测系统的大训练样本选择的自动优化问题提供科学依据和理论支持,也可以较好地完善大训练样本选择的自动优化的研究体系,对大规模遥感影像的自动分类和信息提取具有十分重要的理论意义和工程意义。

2018 年"针对移动安全区域的智能监控方法与技术"已经在武汉图歌信息技术有限责任公司的"守护宝"业务项目中得到初步应用,能够帮助企业减少客户安全保障的支出。

本项目研究成果获国家发明专利 2 项。

发明人:郭艳、徐齐徽、刘福江、林伟华等;专利名称:一种针对移动安全区域的智能监控系统;专利号:ZL201710618145.1;授权公告日期:2019-04-26。

发明人:刘福江、郭艳、林伟华等;专利名称:用于确定运动物体是否离开安全区域的监控方法;专利号:ZL201710619749.8;授权公告日期:2019-04-26。

3.7 BAC 克隆高通量测序及短序列拼接方法的研究

项目负责人:康晓军

项目来源:国家自然科学基金面上项目(31372573)

主要完成人:康晓军、李桂玲、马钊

工作周期:2014 年 1 月 1 日—2014 年 12 月 31 日

项目简介

本项目利用生物信息学技术,以基因组细菌人工染色体(Bacterial Artificial Chromosome,BAC)文库为材料,对三维混合池策略进行了深入研究,获得了 BAC

克隆三维混合池高通量测序技术的关键性参数;完成了个体特异性标记的62M08BAC克隆测序;基于计算机图论理论,建立了单个BAC克隆短序列数据集的精确拼接方法,在对草鱼基因组进行了PacBio测序(三代测序技术)的基础上,结合三代测序数据实现了特定BAC克隆的精确组装。

主要成果

(1)基于计算机图论理论,建立了单个BAC克隆短序列数据集的精确拼接方法。与传统基因组短序列拼接方法相比,提出的方法具有更好的准确性。

(2)在对草鱼基因组进行PacBio测序(三代测序技术)的基础上,结合三代测序数据实现了特定BAC克隆的精确组装。

3.8 泛视频内容智能推荐系统

项目负责人:樊俊青
项目来源:企业横向合作项目
主要完成人:樊俊青、陈云亮、陈小岛、王力哲
工作周期:2017年5月1日—2018年4月30日

项目简介

针对目前互联网视频信息内容的多样性特征,本项目通过网络爬虫方式对互联网泛视频资源进行分析,提取其中的关键数据,开展对用户使用行为的分析,从而建立动态模型优化和调整对用户视频点播需求的智能化推荐,同时设计并完成"泛视频内容智能推荐系统"的开发和部署工作。系统通过验收,达到预期效果,受到委托开发单位的肯定和好评。

主要成果

(1)建立了有效的网络信息爬取模型。项目依据企业选定的网站列表进行相关视频信息爬取。为提高爬取效率,整个模块支持爬虫的水平扩展,且可基于开源系统实现。系统管理员可以对网站列表进行增加、删除、修改操作,可以设置开始爬取时间、爬取频率。设置完毕后,网络爬虫根据指定条件进行爬取。

(2)系统有效分析和提取结构化信息。抓取的网页数据由于是非结构化数据,在使用前需要对此类数据进行智能分析和提取工作,并将提取的结果进行结构化存储,使之易于扩展、检查和使用。系统可以通过后台管理界面增减信息标签列,并配置对应的爬取方式的高级界面,对分析结果实施检查和修正操作。

(3)增强了对自然语言的处理及分析能力。对每条收集到的模糊信息(如影评、新闻、周边)提取几十个到几百个高维特征,并进行降维、相似计算和聚类等计算去除重复信息;对信息进行机器分类、摘要抽取、LDA 主题分析和信息质量识别等处理,得到所有泛视频内容的归集关联特征。

(4)自动进行用户行为分析。自行选择和设计所需的用户前端交互形式,使系统可根据对应的交互形式收集用户的部分行为或属性信息。根据用户使用路径、观看时长、阅读行为、搜索习惯、地理位置、职业、年龄、家庭成员等挖掘出兴趣。通过用户行为分析,动态更新用户模型。

转化与应用

成果应用于公司视频节目分发系统,对泛视频内容特征提取和用户行为智能化分析有重要的支撑作用,对移动互联网时代促进多媒体内容建设意义重大。

3.9　学生素质教育信息管理平台开发

项目负责人:樊俊青
项目来源:企业横向合作项目
主要完成人:樊俊青、陈云亮
工作周期:2020 年 12 月 1 日—2021 年 12 月 30 日

项目简介

随着移动互联网和大数据技术的深入发展,数字化校园建设出现了新的应用需求。本项目以提高学生素质教育水平为目标,通过大数据和人工智能技术采集学生在校期间各项学习数据,开发设计学生素质教育信息管理平台。该平台能自动分析学生综合素质培养各项指标,给学生提供综合测评参考结果,方便相关部门及时调整和优化培养计划,提升学生就业综合能力。

主要成果

(1)诚信分管理子系统。对学生日常行为进行诚信加减分管理,引导学生养成良好的生活学习习惯,促进良好学风和校风建设。设计和优化了诚信分指标管理模块和诚信分预警模块。

(2)第二课堂管理子系统。利用移动互联网技术,通过手机等移动端设备和相应的 APP,在线上开展第二课堂和素质拓展活动,从源头积累学生活动数据,规范第二课堂活动的管理,为素质评价提供有效客观的数据依据。

(3)综合测评子系统。该子系统能将学生德智体美劳素质教育评价内容具体化,实现目标量化,帮助学校逐步完善学生综合素质的评价体系,为学生评奖和评优提供可靠的综测数据支持。

转化与应用

项目研究成果已初步应用于广东省内部分高校学生信息化管理工作,对高校提升学生素质教育水平有重要的支撑作用。

3.10　网络口碑算法软件研究

项目负责人:陈小岛
项目来源:企业横向合作项目
主要完成人:陈小岛
工作周期:2019 年 6 月 1 日—2020 年 12 月 31 日

项目简介

"网络口碑算法软件研究"是伊沃人工智能技术(江苏)有限公司委托研发的一套针对景点口碑的分析软件。项目组开展了基于人工智能的网络口碑算法的研究以及相关软件的开发与实现。

主要成果

(1)设计数据清洗方法。设计分词、去重等一系列数据分析方法。

设计采用 python 编程,完成数据清洗自动化。

(2)开发基于深度学习的语义分类方法。

针对目标数据,设计基于 LSTM 的语义分类方法。

编写 python 代码,完成训练以及分类预测的自动化软件。

(3)开发基于 Snow-NLP 的情感分析方法。

通过 Snow-NLP 对目标数据进行情感分析。

编写 python 代码,完成情感分析自动化。

网络口碑算法流程如图 3-10-1 所示。

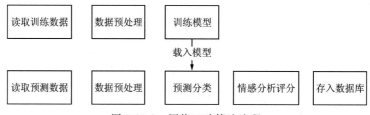

图 3-10-1　网络口碑算法流程

📖 转化与应用

　　基于人工智能的网络口碑分析软件使用效果良好,针对目标景区可以进行多个维度的口碑分析。配合可视化软件使用,可以让使用者获得更加直观的认识。

第四篇　地学信息工程

导言

　　计算机学院地学信息工程方向主要开展地学信息处理与系统开发、智慧城市及数字国土工程、智能计算及地学应用、高性能计算及地学应用、空间信息技术与地学大数据、智能油田等方面的研究工作。在三维地质信息可视化方面,"地质矿产点源信息系统开发与应用"成果达到了国际先进水平,拥有自主知识产权的三维地学可视化信息系统平台(QuantyView),开发了基础地质调查、矿产资源勘查、灾害地质勘查、城市地质勘查、矿山三维可视化等系列应用系统软件。承担国家自然科学基金重点项目、国家重大科技专项、国家自然科学基金面上项目、国家自然科学基金青年科学基金项目、国家863计划重点项目课题等项目。

4.1 面向地质领域的可扩展时空数据模型

项目负责人：刘刚
项目来源：863 计划重点项目(2012AA121401)
主要完成人：刘刚、吴冲龙、何珍文、翁正平、阙翔、田善君、李旸
工作周期：2012 年 1 月 1 日—2015 年 12 月 31 日

📖 项目简介

以通用实时 GIS 数据模型、海量地质空间数据存储管理和三维地质建模与可视化技术为基础，通过对其基本理论、整体框架、主要方法和关键技术的研究，提出扩展时空概念模型和逻辑模型(图 4-1-1)，进行原型系统开发，并通过矿山开采等典型模型用例分析验证其科学性、开放性及兼容性。

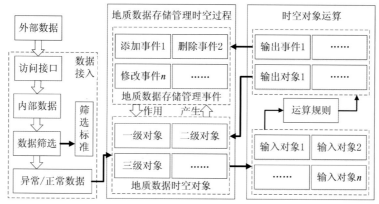

图 4-1-1　基于对象与事件的地质时空数据存储管理逻辑模型

📖 主要成果

(1)地质扩展时空数据概念模型总共分为 4 层，分别为时空过程层、几何层、模型及尺度层、语义层，其中时空过程层在通用时空数据概念模型基础上，提出了地质事件多要素驱动概念模型。以扩展时空概念模型为指导，为满足复杂地质过程的多层次时空变化语义表达，开展固体矿山动态开采过程中各类地质对象的几何、属性、空间关系、语义和行为模型的分析和研究，基于面向对象的思想进行扩展时空模型的逻辑组织结构设计。

(2)依照扩展时空数据模型的逻辑组织结构设计，结合实际矿山生产应用需求，开展系统应用原型设计，进行系统详细设计和模块划分。

(3)基于可扩展的插件式开发系统，以时空数据库存储访问接口(Spatio-Temporal Data Storage Engine，STDSE)为支撑，开展地质扩展时空模型各功能模块的接口设计，通过系统编码逐步完成并实现系统设计的各个功能模块及相关接口。

第四篇 地学信息工程

（4）针对王家岭煤矿首采区，开展数据采集、数据标化、数据入库等工作，同时，结合地质专家认识和分析，利用三维地质建模与可视化技术，对该区域进行地质建模，构建满足实际矿山生产需求的三维地质模型。

（5）以该区域三维地质模型为数据依托，按照扩展时空数据模型的逻辑组织结构设计的准则，基于工程库管理的思想，开展空间对象模型、过程、观测、事件、版本和多因素驱动的分布式非关系型数据存储管理设计和实施。

（6）在工程库的存储管理结构框架下，研究系统动态过程模拟中事件管理机制、事件传递机制及时空对象变化机制，利用 OPC（OLE for Process Control）模拟器实现模拟观测事件作用对象响应过程。

（7）针对滑坡具有明显的多方向、多尺度、多层次、非平衡性以及突变不确定性等特征，结合具有时空特性的离散动力学模型，利用各类传感器监测数据，进行滑坡过程模拟分析与实现。开展应用原型系统的功能测试，实现模型应用原型系统，验证数据模型的可行性。

📖 转化与应用

在项目模型和系统研发的基础上，结合王家岭煤矿首采区、三峡库区滑坡监测模型开展地质时空数据模型的应用，取得了良好的应用效果。

项目研究成果获软件著作权 1 项。

软件编写人员：刘刚、吴冲龙、何珍文、翁正平、阚翔、田善君、李旸；软件著作权名称：地质时空数据管理系统；编号：2015SR015605；授权日期：2015-01-27。

项目研究成果获国家测绘科技进步特等奖 1 项（编号：2017-01-00-04）。

获奖成果：实时地理信息系统软件平台及重大工程应用；参与者：吴华意、龚健雅、向隆刚、刘奕夫、关雪峰、刘刚等。

4.2　知识驱动的城市地质三维精细建模关键技术及应用

项目负责人：刘刚
项目来源：国家自然科学基金国际合作专项项目（41942039）、中国地质调查局城市地质调查试点项目（1212011120094）、湖北省创新群体项目（2019CFA023）
主要完成人：刘刚、田宜平、何珍文、张志庭、陈麒玉、张军强、翁正平、李章林
工作周期：2016 年 1 月 1 日—2020 年 12 月 31 日

📖 项目简介

该项目以城市地质调查需求为导向，以多源异构城市地质勘查数据为基础，以

三维可视化集成表达与一体化管理为目标,深入剖析三维城市地质调查过程中的关键科学问题,系统研究地质结构及属性的一体化数据表达模型、知识驱动的三维精细建模方法、城市地质空间要素的集成表达与可视化分析框架及系统等方面的共性关键技术,知识驱动的城市地质三维精细建模框架,如图4-2-1所示。

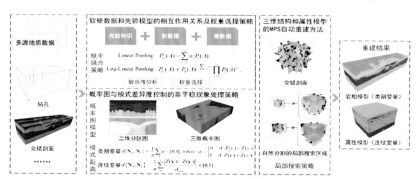

图 4-2-1 知识驱动的城市地质三维精细建模框架

📖 **主要成果**

(1)提出了基于 TIN-CPG 混合数据模型的地质结构-属性一体化表征模型,实现了顾及复杂地质结构约束的三维精细体元模型构建,解决了地质结构和属性建模过程割裂导致的模型缺少地质环境及地质演化规律约束的难题,为复杂地质结构及多元属性信息的融合和集成建模提供了载体。

(2)面向三维城市地质调查需求,提出了知识驱动的多尺度三维地质模型构建方法,实现了复杂地质结构、沉积环境、多元属性模型的快速构建,建立了基于多点地质统计学的地质背景知识、先验模型、勘查数据的融合建模机制,丰富和完善了城市地质空间多尺度地质结构和属性三维精细建模的核心技术方法体系。

(3)设计了城市地质空间多要素的三维可视化集成建模与一体化耦合表达框架,实现了对城市地质调查过程中多源异构信息的三维集成建模,并自主研发了服务于三维城市地质调查全过程的三维可视化和可视分析软件平台,提高了城市地质调查工作的信息化水平。

(4)研发了具有自主知识产权的城市地质信息系统软件平台 QuantyUrban。QuantyUrban 以城市地质调查的实际业务需求为驱动,聚焦于城市地质调查全流程的数字化、信息化与智能化,具体包括数据管理、参数化二维地质编图、三维地质体建模、三维可视化空间分析与评价等模块,能够很好地支持我国城市地质调查项目的顺利开展。

(5)依托项目研究成果,在国际和国内重要期刊发表学术论文 30 篇,出版学术专著《城市地质环境信息系统》。

📖 **转化与应用**

本项目研究成果获国家发明专利 6 项,软件著作权 2 项。

项目成果集成于行业应用产品 QuantyUrban 中，QuantyUrban 已经成为一套能够服务于城市地质调查全流程的平台化解决方案。目前，QuantyUrban 已经被应用于多个城市地质调查项目，包括中国地质调查局试点项目"闽江口地区（福州）地质环境调查""泉州市城市地质调查""哈齐牡佳（哈尔滨、齐齐哈尔、牡丹江、佳木斯）城市地质灾害调查""贵州省地质三维空间战略调查评价"等，实现了科技成果的转化，产生了显著的社会和经济效益。项目成果获得测绘科技进步奖二等奖（编号：2020-01-02-61）。

4.3　缝洞型油藏井间连通性定量评价

项目负责人：张冬梅
项目来源："十三五"国家科技重大专项（2016ZX05014-003）
主要完成人：张冬梅、陈小岛、姜鑫维、邓泽、刘远兴
工作周期：2016 年 1 月 1 日—2020 年 12 月 30 日

项目简介

针对非均质性和井网不规则性较强的缝洞型油藏，在传统静态连通性研究的基础上，充分利用油藏动态资料开展各类定性、定量井间动态连通方法研究，基于物质守恒理论，结合机器学习、复杂性理论等新方法，模拟井间连通模型，探索细致刻画井间连通程度的综合方法体系，形成一套缝洞型油藏连通性井间连通评价软件（图 4-3-1）。

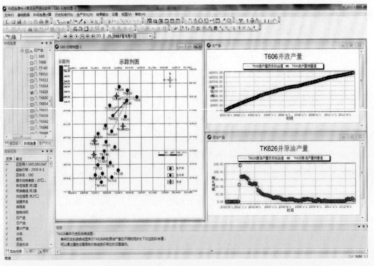

图 4-3-1　缝洞型油藏井间连通性综合评价软件主界面

■ 主要成果

（1）提出注采响应判别、新开井类干扰判断、生产动态相似性分析、见水时间一致性分析等连通性综合自动判断技术，多种方法互为补充，多角度综合认识注入流体流向，减少判别的不确定性。

（2）自动提取井间连通模式、井间大尺度裂缝沟通距离、井周非均质性分布程度和井点处钻遇的储层类型等井间储层地质特征，全面认识井间缝洞组合和空间配置关系。

（3）采用多重分形技术量化注水后生产指标变化特征，刻画连通通道内部充填信息。

（4）构建静动态数据结合，手工到自动、单一到综合、定性到定量的缝洞型油藏井间连通性评价方法体系，根据多特征初步判断驱油效率，并形成缝洞型油藏井间连通性综合评价软件，直观揭示注水驱油的潜力方向。

■ 转化与应用

项目研究成果获国家发明专利 5 项，开发软件有效支撑塔河油田 67 区连通程度和注水效果评价。

4.4　基于 Kriging 的多重演化建模技术识别区域化探异常

项目负责人：张冬梅
项目来源：国家自然科学基金面上项目（40972206）
主要完成人：张冬梅、胡光道、李程俊
工作周期：2010 年 1 月 1 日—2013 年 12 月 30 日

■ 项目简介

围绕演化计算及建模相关理论与算法开展研究，具体包括多重演化建模、基于并行演化建模、基于多重分形的主曲线模型多目标演化算法、求解复杂优化问题 MOEA/D-GEP 算法、基于流形学习的降维技术等研究工作。将 GEP（Gene Expression Programming）演化建模与传统的空间结构分析方法结合，实现基于克里金法（Kriging）的 GEP 空间建模技术，并基于多重演化建模构建修正模型，刻画化探元素的空间分布趋势，分析趋势剩余值并圈定异常。

■ 主要成果

（1）演化算法理论研究和基于演化建模的趋势分析。根据演化建模 GEP 技术在复杂数据建模方面的优势,围绕演化计算及建模相关理论与算法开展研究,提出采用 GEP 建模方法拟合空间曲面,模拟区域化探数据的空间分布特征,映射空间数据的非线性趋势以区分背景和异常。

(2)基于邻域的演化建模 GEP 的空间分布趋势研究。区域化变量具有随机性和结构性,传统研究往往未考虑局部空间相关性,没有充分利用场值的局部空间结构特征。课题组根据空间自相关理论,提出利用变差函数选择样品的邻域参与建模,增强数据空间局部结构信息。提出基于邻域的 GEP 空间建模方法,通过空间不完备数据的插补,描述地球化学元素的空间分布趋势。

(3)基于多重演化建模技术的空间分布趋势研究。多重演化建模技术是指利用原始数据与所建模型预测结果的误差实现初始模型的修正,利用误差重新获取一组新的建模数据,通过 GEP 演化建模获取残差模型,利用残差模型来修正初始模型。仿真实验表明该算法在复杂数据演化建模应用中,提高了标准 GEP 算法的寻优能力。

(4)基于 Kriging 的多重 GEP 演化建模圈定区域化探异常研究。在多重演化建模技术研究基础上,对与多金属矿化有关的元素进行趋势分析,通过多元异常信息叠加圈定化探异常。取邻域后多重 GEP 方法圈出的异常形态能清晰地说明所选区域的分布趋势,结果与研究区地质情况较为吻合,圈出的异常与已知矿体也基本一致。

(5)基于流形学习的降维技术研究及子元素组合异常模式挖掘中的应用。在 GEP 元素组合异常模式挖掘中,往往需要对高维数据进行降维处理,其关键是找出高维数据中隐藏的低维结构,将原始高维空间映射到低维空间中,采取非线性降维局部线性嵌入 LLE 等流形学习算法用于数据的预处理,通过流形学习建立高低维映射模型,并通过相应的嵌入映射将高维空间中的数据在低维空间中进行重新表示,从而实现维数约简。

4.5 分布式时空大数据高效索引理论与方法

项目负责人:何珍文

项目来源:国家自然科学基金青年科学基金项目(41972306)、面上项目
(41572314、41101368)

主要完成人:何珍文、刘刚、陈小岛、翁正平、李章林、陈麒玉等

工作周期:2012 年 1 月 1 日—2021 年 12 月 30 日

 项目简介

时空数据可以帮助人类了解历史、掌握现在、预测将来,有助于提高人类对四

维时空中各种存在与状态演变的洞察、感知与预测能力,对时空敏感性问题的求解具有重要意义。项目研究提出了一系列分布式时空大数据索引方法,为多模态计算环境下的海量三维、四维或更高维的时空数据的快速检索提供了通用、高效的分布式时空索引解决方案。

主要成果

(1)时空查询与间隔关系算子的转换理论与方法。针对多维时空对象表达和时空过程中并行计算需求,研究了间隔对象以及间隔对象之间的关系表达与计算问题;设计并实现了时空数据的间隔表达方式及其算子操作方法;研究了空间数据与间隔数据集的相互转化方法;实现了索引结构中基于间隔数据集的多维时空对象统一表达,将时空数据转换成间隔数据集来操作,构建了多维时空查询与并行间隔关系算子之间的转换理论与方法,相较于传统索引方法性能更加优良,为时空大数据并行查询与高效计算提供了新思路和理论支撑。

(2)分布式时空大数据索引及异构计算框架。①分布式并行计算环境下的智能时空索引架构。针对不同的分布式环境的不同类型,设计提出了同构和异构的分布式时空索引结构;实现了各个节点之间顾及数据均衡的时空划分方法和动态调整策略,提出了适合多核并行的细粒度的并行时空索引结构和基于只增文件(Append Only File,AOF)的分布式时空数据存储管理及其索引更新机制。该方法针对计算节点之间的分布式特征与节点内部多核并行特征,以及现有分布式文件系统如 HDFS 等的 AOF 的特征,研究了 AOF 对于频繁更新的索引项的影响,采用索引项缓存方式,抽象设计了一个通用时空数据文件系统接口,并基于 HDFS 进行了编程实现,已经形成了开源项目 GTL,应用于国产三维地学信息系统平台软件 QuantyView。②GeoBeam:一种基于异构内存的分布式时空大数据计算框架。大规模时空数据为地球科学研究提供了基本的空间背景。有效和高效的空间数据分布式计算框架是不可缺少的基础设施。由于磁盘读写瓶颈,实时数据分析和处理访问对于基于外存的分布式计算框架仍是挑战。这推动了各种基于内存的分布式计算平台的快速发展,如 Spark、Flink、Apex 等。研究提供了一个基于异构内存的分布式大数据时空数据计算框架,它将时空数据及其所有操作抽象为时空管道、时空数据集和时空转换,提供时空要素数据集和要素存储接口,以屏蔽底层分布式操作细节。实验结果表明,架构能有效支持异构集群上的大规模空间数据的高效查询和处理。

(3)分布式时序大数据索引及其相似性查询方法。针对时间线数据、监测数据等动态数据的时序特征和间隔特征,研究了大规模时序数据的高效存储、查询和处理方法,提出了一种适应并行和分布式计算框架的时序数据索引方法(DTI-Tree)和时序数据相似性测度方法。基于 Apache Spark 进行了算法实现,并在天河集群上进行了 DTI-Tree 的构造、插入、删除和相似性查询的实验。试验结果表明:DTI-

Tree 可为大规模时序数据提供有效、高效的分布式索引支持。

 转化与应用

项目研究成果已形成开源软件项目,并应用于国产三维地学信息系统平台软件 QuantyView 中,在矿产资源、数字城市、市政管网、工程地质、地质灾害等多个相关领域推广使用。

4.6　三维地质模型元数据与质量评价研究

项目负责人: 何珍文、李新川
项目来源: 中国地质调查局发展研究中心
主要完成人: 何珍文、李新川、汪新庆、花卫华等
工作周期: 2016 年 1 月 1 日—2018 年 12 月 31 日

 项目简介

随着三维地质建模与可视化技术在地质调查工作中的推广应用,产生了大量的三维地质模型数据,这些模型数据的集成管理、交换共享与社会化服务成为亟待解决的问题。本项目主要开展了三维地质模型元数据标准研究,三维地质模型元数据标准配套软件工具的设计与开发,三维地质建模不确定性分析和质量评估研究,提交了《三维地质模型元数据标准(征求意见稿)》及其相关配套软件。该标准文本后来被中国地质调查局采纳,形成了行业标准《三维地质模型元数据标准》(DD 2019-12),于 2019 年 11 月发布并推广使用,如图 4-6-1 和图 4-6-2 所示。

主要成果

(1)编制中英文版本《三维地质模型元数据标准(征求意见稿)》。根据三维地质模型元数据研究成果和区域地质、矿产地质、能源地质、水文地质、工程地质、环境地质相关领域的专家、用户多轮次调查反馈意见,规定了描述三维地质模型信息所需要的元数据的内容和结构,包括元数据信息、标识、内容、模型质量、空间参照系和分发 6 个子集,弥补了《地质信息元数据》(DD2006-05)对三维空间信息规定较少的不足问题,向中国地质调查局提交中英文版本的《三维地质模型元数据标准(征求意见稿)》,为三维地质模型时空信息的描述、三维地质模型的发布与服务,三维地质模型的元数据的采集和建库提供了执行参照标准。

图 4-6-1　中国地质调查局标准发布公告

中国地质调查局地质调查技术标准

DD 2019-12

三维地质模型元数据

Three-Dimensional Geological Model Metadata Standard

自然资源部中国地质调查局

2019年11月

图 4-6-2　《三维地质模型元数据标准》封面

（2）三维地质建模不确定性分析与模型质量评估研究。基于地质统计学和概率场的不确定性分析理论，主要从三维地质模型的数据源的不确定性特征、建模中的人工干预过程、模型与实际的符合程度等方面提取三维地质模型的不确定性质量评价指标，并将这些指标融入三维地质模型元数据标准，支持三维地质建模不确定性分析与模型质量评估。

（3）研发三维地质模型元数据标准相关配套工具。研发了三维地质模型元数据标准配套工具（Three-dimensional Geological Model MetaData Software Development Toolkit，GMM3DSDK），包含三维地质模型元数据的录入工具、三维地质模型元数据的提取工具和三维地质模型元数据的检查工具，实现了三维地质模型元数据的快速录入、智能提取和规范检查，有力支撑了后期标准试验和推广。

📖 | **转化与应用**

《三维地质模型元数据标准（征求意见稿）》被中国地质调查局采纳，形成了行业标准《三维地质模型元数据》（DD 2019-12），于 2019 年 11 月发布并推广使用。项目研发软件成果已开源，并应用于国产三维地学信息系统平台软件 QuantyView 中，在地质调查、矿产资源、数字城市、市政管网、工程地质、地质灾害等多个相关领域推广使用。

4.7 热液成矿系统中固溶体矿物成分环带构造的复杂网络非平衡相变动力学模型

项目负责人：墙威
项目来源：国家自然科学基金面上项目（41172301）
主要完成人：墙威、周汉文、龚文引、李程俊、宋麦玲、曹蕙
工作周期：2012 年 1 月 1 日—2015 年 12 月 30 日

 | **项目简介**

建立合理的数学模型，深入研究固溶体矿物成分环带构造的形成机制对于揭示热液成矿系统的演化过程和成矿规律具有十分重要的意义。本项目基于元胞自动机和格子玻尔兹曼（Boltzmann）方法建立环带构造形成的动力学模型，通过可重构计算技术实现大规模数值计算，模拟孔隙介质中的湍流热对流及其对于热液成矿作用的影响，为相关领域的研究提供合理的数学模型和有效的技术手段。

📖 | **主要成果**

（1）计算系统和软硬件。

①基于格子 Boltzmann 方法的热流体大规模并行数值模拟系统。

②矿物岩石图像多重分形谱分析软件。

③基于可重构硬件的并行元胞自动机处理系统。

(2)数学模型和数值模拟。

①矿物环带结构的格子 Boltzmann 模型。

②热液成矿系统的格子 Boltzmann 模型。

③湍流热对流模式的形成和反梯度热输运的数值模拟。

④孔隙介质中热流体的数值模拟。

4.8　基于 PDE 的强退磁与强剩磁条件下的地球物理三维磁场正反演研究

项目负责人：左博新

项目来源：国家自然科学基金面上项目(41674110)

主要完成人：左博新

工作周期：2016 年 1 月 1 日—2020 年 12 月 31 日

 项目简介

　　三维磁场正、反演研究，一直是地球物理领域的研究热点之一。本项目旨在将一种加权型曲率保持偏微分方程（Partial Differential Equation，PDE）方法应用于三维磁场的正、反演研究中，发展强退磁、强剩磁条件下三维磁测数据精细定量解释的新理论、新方法。基于 PDE 的三维磁法正、反演研究，目前尚处于起步阶段。项目将根据经典的电磁场理论，研究强剩磁、强退磁条件下的三维磁场 PDE 正演理论框架。研究三维磁场正、反演算法。本项目还将建立强剩磁效应的误差干扰模型，利用盲信号方法压制剩磁误差干扰，提高正、反演算法的精度。本项目在强剩磁、退磁条件下的三维磁场理论分析、算法设计和方法应用等方面，具有一定的创新性(图 4-8-1)。

 主要成果

　　(1)实现了基于 PDE 构架的三维重磁场数值分析与重构方法，解决了利用有限测量数据重构自由空间高精度重磁场的计算精度问题，为地下、水下目标探测与监测数据的高精度分析，提供了新方法和新理论。

　　(2)采用 CPU＋GPU 混合加速构架，实现超大规模重磁场和地下、水下空间的高精度三维重建,新的混合加速算法与数值分析理论深度融合,有效利用了混合硬件架构和数值计算方法的先进性。新方法为国防和环境监测领域的超大规模成像数据处理,提供了新的高性能计算技术。

(3)提出智能化的深度卷积神经网络方法的 UXO 未知爆炸物识别算法,方法将智能化的 FAST-RCNN 神经网络与 UXO 磁测数据分析方法交叉,实现了大规模 UXO 样本的自动标定与强化训练等,解决了复杂磁性干扰环境下的 UXO 目标高精度自动识别稳定性问题。

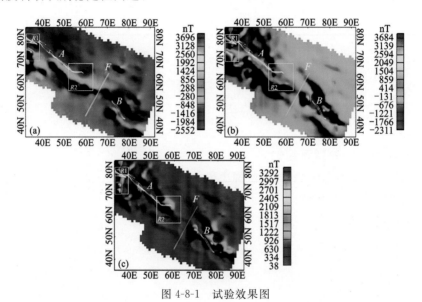

图 4-8-1 试验效果图

4.9 IDW 矿产资源/储量估算方法精细幂指数的智能优化
面向复杂地质结构的局部异向性地质统计学方法研究

项目负责人:李章林

项目来源:国家自然科学基金青年科学基金项目(41202231)、面上项目
(41972310)

主要完成人:李章林、张夏林、翁正平、张志庭、张军强、李长河、王媛妮等

工作周期:2013 年 1 月 1 日—2015 年 12 月 31 日

📖 | 项目简介

资源储量估算结果的准确性与可靠性对社会、经济的发展影响巨大。该项目重点研究以距离幂次反比(IDW)和地质统计学克里格法(Kriging)为代表性方法

的固体矿产资源储量估算过程中的相关问题,包括计算参数优化、计算结果评估及其在三维地质建模过程中的综合应用等。

 主要成果

(1)理论研究方面。

①对IDW法计算结果的不确定性评价方法进行了系统性的研究,提出了一种直接基于估计权值进行不确定性建模的方法。

②提出了一种高精度、高可信度的空间变异性自动建模框架,增强了地质统计学资源储量估算方法的实用性。

③提出了一种顾及数据空间分布模式的双距离幂次反比法(Dual IDW, DIDW),并实现了其计算参数的智能优化。

(2)综合应用方面。

①基于IDW/DIDW和地质统计学方法的储量估算结果,揭示了矿体三维模型是由其内部空间的矿石品位分布情况决定的本质,提出了一种矿体自动建模方法:属性—结构建模法。

②完成了国内多个典型金属、非金属矿山的三维建模和资源储量估算(图4-9-1)。

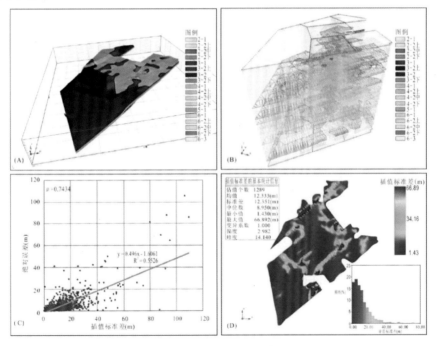

图 4-9-1　典型三维地学建模效果

(A)多个煤层模型;(B)在Z方向上分离后的空间形态;(C)精度验证模型;(D)及不确定性评估结果

转化与应用

研究成果已经集成在大型三维地学信息系统平台 QuantyView 和数字矿山软件 QuantyMine 中,并在国内多个矿山单位和企业得到了应用和推广。

4.10 IDW 矿产资源储量估算方法的参数敏感性分析研究

项目负责人:李章林

项目来源:新教师青年基金项目(CUG110824)

主要完成人:李章林、张夏林、吴冲龙、翁正平、张志庭等

工作周期:2011 年 1 月 1 日—2012 年 12 月 30 日

 项目简介

距离幂次反比(Inverse Distance Weighting,IDW)是一种简单实用的矿产资源储量估算方法,在国内外都有着广泛的应用。但在实践中,对这种方法的计算参数(例如参估数据的搜索范围、数据个数、幂指数等)该如何设置以及它们将如何影响最终计算结果却并不清楚。此外,现有的 IDW 法储量估算工作往往仅基于表格计算,或是在简单的二维图形环境下完成,缺乏直观、可见的分析操作平台。针对这些问题,本项目开展了三维可视化 IDW 矿产资源储量估算软件的研发以及该方法在实施过程中的关键参数的敏感性分析研究。项目研究成果可以为距离幂次反比资源储量估算方法计算参数的合理设置提供参考,为该方法的计算过程提供可视化的分析决策环境。

 主要成果

(1)理论研究方面。基于理论研究和大量的实例分析,研究得出了距离幂次反比资源储量估算方法的两个重要参数(幂指数和样品个数)与估值结果之间的关系:总体上,计算结果的精度与这两个参数之间均呈不规则、开口向上的抛物线形式(图 4-10-1),这一发现可用于 IDW 法矿产资源储量估算工作实践,为合理设置计算参数提供指导。

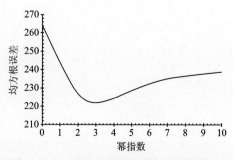

图 4-10-1 IDW 法的幂指数与估值结果误差之间的关系

（2）综合应用方面。实现了一套三维可视化距离幂次反比法矿产资源储量估算软件系统，包含了勘探数据导入与统计、等长化处理、搜索模型设置、品位建模及资源储量报表输出等全流程。

 转化与应用

研究成果已经集成在大型三维地学信息系统平台 QuantyView 和数字矿山软件 QuantyMine 中（图 4-10-2），并在紫金集团等国内多个矿山单位得到了应用和推广。

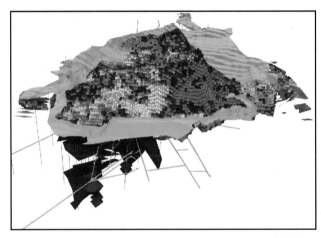

图 4-10-2　QuantyMine 系统的储量估算与三维地学建模效果

4.11　基于多点地质统计学的城市地质空间三维精细建模方法研究

项目负责人：陈麒玉
项目来源：国家自然科学基金青年科学基金项目（41902304）
主要完成人：陈麒玉、刘刚等
工作周期：2020 年 1 月 1 日—2022 年 12 月 31 日

 项目简介

本项目综合运用城市地质调查过程中获得的各类多源异构勘查数据，发展新型的基于地质语义和多点地质统计学的三维地质模型自动构建方法，突破混合体元数据表征模型、顾及地质先验知识的三维模型自动重构、结构-属性耦合表达等关键技术,实现对城市地质空间多尺度地质结构及属性的精细刻画和集成建模,基于混合粒度并行多点统计模型的三维地质建模框架如图 4-11-1 所示。

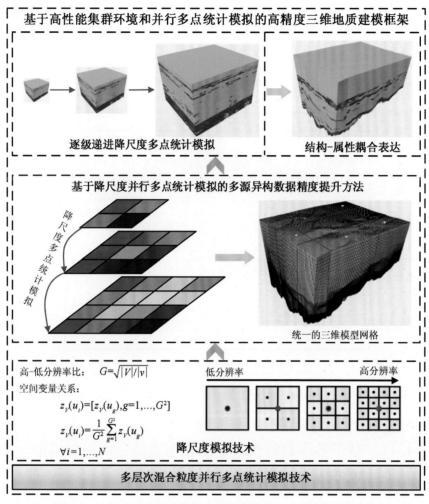

图 4-11-1　基于混合粒度并行多点统计模型的三维地质建模框架

📖 主要成果

(1)提出一种基于条件传导概率的多点地质统计学随机模拟方法。针对传统地质统计学在模拟时将模拟值与实测样本值统一处理带来的不利影响,提出了在模拟过程中将模拟获得的结点的概率分布作为先验概率不断传导的策略。首先将每一个模拟产生结点的数据事件发生的条件概率分布函数保存,然后将所有相关的数据事件发生的概率联合得到当前结点的联合概率分布,最后统一随机取样获取最终模拟值。二维和三维实验证明了该方法可以有效构建出复杂异质地质现象及结构,降低了多组实现之间的不确定性。该方法可以有效应用于三维地质结构模型的自动重构。

(2)提出一种面向第四纪沉积结构的多点地质统计学三维随机建模框架。面对实际第四纪三维地质建模实践,其自身复杂的沉积特征以及多元异构数据集都为第四纪沉积体系的三维模型自动构建提出了挑战。针对这些难题,定制了详细的第四纪沉积体系中复杂地质结构的多点地质统计三维建模流程及规则,给出了全流程处理步骤及三维建模框架。使用 TIN-CPG 混合数据模型构建了研究区初始三维体元框架模型,然后使用一种基于局部搜索策略的多点地质统计三维地质模型自动重构方法完成了多尺度模型的自动构建。结合实际第四纪沉积环境调查数据,开展了实际的基于多点地质统计的第四纪沉积体系三维建模实践,验证了所提出的建模流程与框架的合理性和可行性。

(3)提出一种 CPU-MIC 协同加速的并行多点地质统计随机模拟方法。多点地质统计模拟过程是典型的计算密集型任务,这使得计算消耗极大,很难实现高精度模拟。然而为了更加精细、准确地描述和表征这些复杂地质过程及现象,用于数值模型的模拟网格的数量呈指数增长。作为世界上最快的超级计算机之一,"天河2号"提供了 CPU-MIC 协同的异构架构,具有丰富的计算资源。基于"天河2号"超级计算机的 CPU-MIC 混合架构,提出了面向随机路径的多点地质统计模拟方法的并行化策略,设计并实现了并行多点地质统计模拟方法,将模拟网格的数量扩展到了数十亿,实现了复杂结构和现象的精细表征。一系列二维和三维的综合实验证实了所提出的并行策略和方法的有效性。

转化与应用

项目成果应用到了福州、深圳、贵州等城市和地区的地质资源环境调查中,为三维地质结构及属性模型的高效、动态、精细构建提供了新思路,产生了良好的应用效果和经济效益。

项目研究成果获国家发明专利2项。

发明人:陈麒玉、崔哲思、刘刚、何珍文、张军强、张志庭;专利名称:一种面向多点地质统计随机模拟过程的混合并行方法;专利号:ZL202110602686.1;授权公告日期:2022-05-27。

发明人:陈麒玉、刘刚、崔哲思、张军强、何珍文、张志庭、张夏林、田宜平;专利名称:基于条件传导概率的多点地质统计学随机模拟方法;专利号:ZL202010477139.0,授权公告日期:2021-08-24。

4.12　军事地质数据采集与管理系统

项目负责人:刘刚

项目来源:中国人民武装警察部队黄金地质研究所

主要完成人:刘刚、张志庭、何珍文、田宜平、张夏林、翁正平、张军强、吴
冲龙

工作周期:2016 年 1 月 1 日—2018 年 7 月 31 日

📖 **项目简介**

　　本项目立足于军事地质调查业务需求,研发基于 Android 掌上机的军事地质
野外数据采集系统,实现军事地质调查数据采集数字化。明确数据库建设要求和
技术标准,研发军事地质数据管理及三维可视化建模技术,研制了军事地质数据管
理原型系统,军事地质数据采集与管理系统架构如图 4-12-1 所示。

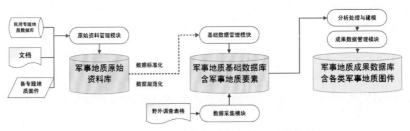

图 4-12-1　军事地质数据采集与管理系统架构

📖 **主要成果**

　　(1)研发基于 Android 掌上机的军事地质野外数据采集系统,构建集数据采
集、存储、交换于一体的野外调查作业方案。

　　通过调研军事地质野外数据的内容、结构及特点,明确了军事地质野外数据采
集作业的整体流程与信息化建设需求;建立军事地质野外调查数据库,用于存储野
外调查数据;研发军事地质野外数据采集端,使得野外工作人员能够通过野外数据
采集端进行野外数据采集;提供数据转换接口与转换工具,实现采集数据向军事地
质调查数据库的汇聚;构建集数据采集、数据交换于一体的信息化作业方案。取得
主要成果如下。①建立了军事地质野外数据采集平台系统。该系统包括如下子系
统或模块:数据采集、数据格式转换模块。②研发了野外数据采集子系统:针对野
外采集数据的流程和需求,按照军事地质要素专题进行数据的采集和录入,实现野
外调查数据在掌上机的数据采集和录入工作。③开发了数据格式转换模块,用于
掌上机与 PC 端的报表输出系统进行数据交互,实现 Android 端的数据与 PC 端
Access 数据库的数据相互转换。

（2）围绕军事地质调查数据库建设和信息展示需求，研发军事地质数据管理及三维可视化建模技术，实现了军事地质数据管理原型系统。取得的主要成果如下。①原始资料管理模块：主要针对民用类地质数据，采用国家地调局标准，按照民用地质专题进行原始数据的采集、管理工作。②基础数据管理模块：用于各类标化和规范化后的基础数据、实验数据和野外调查点类等基础数据的采集、管理工作，同时实现野外数据采集的报表数据的录入和管理。

（3）野外采集数据录入子系统：针对野外采集数据的报表，设计了野外地质调查数据库，按照军事地质要素专题进行数据组织和管理，实现野外调查数据在 PC端的数据录入和管理工作。

（4）成果数据管理模块：用于各类成果图件数据组织、管理、入库、调度以及查看等。

（5）三维建模与分析模块：主要用于实现三维地质模型构建、模型分析等功能。其中三维地质建模包括三维地质结构建模与属性建模，模型分析功能包括地质结构的空间分析与三维属性模型的属性分析。

 转化与应用

项目开展了军事地质数据库的设计与建设工作，研发了相应的数据采集与管理系统、地质体三维建模与空间分析处理原型系统，并实现系统部署、环境构建和运行，服务于新时期中国人民武装警察部队黄金部队的信息化建设和工作转型。

4.13 汤原工业园区数字化管理信息系统

项目负责人：田宜平
项目来源：事业单位横向合作项目（2016196305）
主要完成人：田宜平、翁正平、陈鹏、杨俊皓
工作周期：2015 年 1 月 1 日—2016 年 12 月 31 日

 项目简介

汤原工业园区数字化管理信息系统，基于国际流行的三维图形开发库 OpenGL，采用 C/S、B/S 混合网络技术架构，集成数据库技术、三维可视化技术、多媒体技术、海量数据存储与调度技术等，实现园区三维场景创建、浏览、分析等功能，可以为园区规划建设提供直观、科学的辅助决策。

主要成果

（1）基于二维规划地理数据、三维建筑模型数据，建立精确的园区三维虚拟仿

真系统,实现了园区的建筑、道路、管线、地形数据、遥感影像数据等质量检查、系统录入、三维可视化管理,以及对园区内现状及规划用地、道路、各类市政管线数据的双向查询。同时搭建一个规划建设方案评审及辅助决策支持平台,实现规划建筑方案在三维状态下的动画效果展示,为方案评审与对比提供真实的三维场景,如图 4-13-1 所示。

图 4-13-1 规划方案实时联动对比

(2)系统主要特色:采用 QuantyView 平台,能实现数据创建与更新,可进行三维实时浏览和路径漫游,可展示各种规划方案,能对模型属性数据进行全面管理,可进行信息双向查询(由图查表,由表查图),实现"规划一张图"(各类规划、建筑单体、单位红线和道路红线)。

转化与应用

项目形成的汤原工业园区数字化管理信息系统已经在黑龙江省佳木斯市汤原县工业园区上线投入使用,为汤原工业园区提供数据管理、评价分析和规划审批等方面的服务。

4.14 贵州省地质三维空间战略调查评价

项目负责人:田宜平
项目来源:贵州省矿权储备交易局(2019196214)
主要完成人:田宜平、翁正平、张志庭、张军强、李岩
工作周期:2019 年 1 月 1 日—2021 年 12 月 31 日

 ### 项目简介

在系统收集贵州省已有区域地质、矿产地质、地球物理以及深部钻探等相关地

质资料和综合分析的基础上,通过地面调查、地球物理勘探以及深部钻探等工作,系统识别和标定全省深部地层构造格架,建立海拔－2500m以浅的多尺度三维地质框架模型以及地质信息系统,建立基于微服务架构的云服务平台,为国土空间规划与用途管控、国土空间生态修复和实施重大地质矿产勘查提供可视化管理和决策支撑。

主要成果

(1)综合研究集成了全省已有区域地质、地球物理及钻探等相关资料,并确定了1∶50万三维建模的地层系统。

(2)开展地质剖面测量、剖面编绘和已有深部钻井复核校正,理清并提取了深部地质结构信息,建立了三维地质格架。

(3)建立了用于1∶50万三维地质建模与云服务的各类数据库,并定制开发了地质信息系统。

(4)创建了全省近$18×10^4 km^2$的－2500m以浅的1∶50万尺度三维地质数字模型,如图4-14-1所示。

图4-14-1 贵州省1∶50万海拔－2500m以浅三维地质模型

(5)针对性实施必要的专项工作细化三维地质格架和模型,开发了多尺度集成与融合接口。

(6)构建了基于微服务架构的地质大数据云服务平台,建成贵州省三维地质信息系统及其应用服务体系。

转化与应用

(1)制定了国内首个全省域1∶50万三维地质建模工作规技术流程。

(2)制定了首个用于全省域三维玻璃国土建设的数据治理方案。

（3）制定了首个用于三维地质建模、覆盖全省域、海拔－2500m以浅、10km间隔推深的交叉剖面网络质量体系。

（4）提出了海拔－2500m以浅的交叉剖面地质结构定位校正技术。

（5）开发了TB级超大规模全省域快速动态精细全息的三维地质知识驱动与系列剖面拓扑推理相结合的成熟建模技术。

4.15 数字铀矿勘查系统（QuantyU）

项目负责人：张夏林

项目来源：横向项目（中国核工业地质局）

主要完成人：张夏林、吴冲龙、田宜平、刘刚、李章林、翁正平、张志庭、张军强等

工作周期：2013年3月15日—2021年12月30日

项目简介

2013年至2021年，团队持续和中国核工业地质局合作，研发出了具有完全知识产权的三维可视化地质信息系统平台"数字铀矿勘查系统（QuantyU）"，深度解决了我国铀矿资源勘查信息的保密化、数字化、信息化难题，软件在全国各大铀矿勘查单位全面应用，推动整个铀矿勘查单位的快速技术革新和全面数字化勘查。

主要成果

（1）采用计算机软件技术实现铀矿勘查全流程的数字化。

根据国家大数据战略部署，把铀矿资源勘查手工或半计算机化作业方式，系统地转化为数字化方式。实现从数据采集、存储管理，到资料综合整理、图件编绘、三维地质建模和专题分析研究，再到资源储量计算、可行性综合评价和成果保存应用，全面采用QuantyU软件系统，推动铀矿勘查业务的数字化转型，实现铀矿资源勘查全流程的计算机辅助化和三维可视化，如图4-15-1所示。形成一套可供推广应用的铀矿资源勘查数字化、信息化和智慧化技术体系、软件平台、工作流程和规范标准。

（2）攻克了一批数字勘查技术难题。

①提出了以铀矿资源勘查、开发流程为脉络进行数字铀矿勘查系统研发和建设的总体方案及实现途径，建立了数字铀矿勘查系统的全局软件架构，建立了统一的铀矿勘查数据共享平台，实现了勘查区地物化遥等多源、多维、多类、多量、多尺

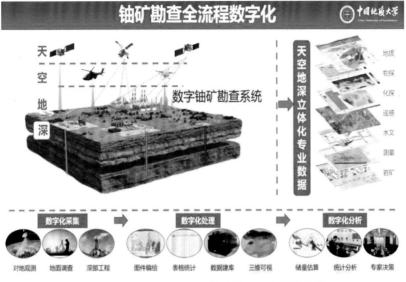

图 4-15-1　QuantyU 实现铀矿勘查全流程数字化

度、多时态空间数据和属性数据的计算机综合管理,将信息流深度融入铀矿勘查工作主流程中,建立了铀矿勘查全过程信息化的技术体系框架和工作流程,研发自主可控的数字铀矿勘查系统。

②开发了基于 Android 平板电脑的野外钻孔数据采集系统。实现钻孔数据的一次性快速数字化采集并便捷地导入数据库中,快速地完成野外地质记录簿和野外编录本的自动绘制、打印存档。在数字铀矿勘查系统中建立了对特定用户赋予特定权限的梯队式安全管理模式和多重安全审核机制,实现了对记录修改的人、时间、内容及修改痕迹的动态跟踪。实现了全部地质勘查和矿山图件编绘的计算机化。开发了多种储量估算功能模块,可实现储量动态估算、评价与管理。

③实现了铀矿床的三维可视化地质建模。本项目创造性地提出统一的三维地质空间数据模型及动态建模方法、顾及拓扑关系的三维广义表空间索引方法、海量三维地质空间数据高效动态调度方法、复杂地质结构的三维实体布尔运算方法、顾及多重属性的专业化三维地质空间分析方法等。设计开发一种基于插件的可配置三维地质信息系统体系结构,提出分别基于钻孔和剖面的动态建模方法、支持三维地下模型的动态构建与更新功能,系统将知识驱动与剖面拓扑推理结合起来,具有地上、地下一体化快速、动态、全息和精细建模功能,支持建立各类型铀矿的三维模型及三维地质环境下的辅助设计和矿产资源的储量估算。

④研究和突破了一批三维地质建模、地学大数据挖掘、地质统计学技术等"卡脖子"技术难题,推动了地学软件产品的国产化,用专利、专著、软件著作权和论文等方式,构筑了国产民族品牌软件系统的知识产品护城河,项目取得创新成果包括完整的软件平台 1 套、国家发明专利 8 项、软件著作权 3 项、公开发表的论文 3 篇。

通过在中国核工业地质局多个典型铀矿勘查区和矿山的实际应用,把铀矿资源勘查从手工或半计算机化方式,系统地转化为数字化方式,实现了从数据采集、存储管理,到资料整理、图件编绘、三维建模、资源储量计算、可行性综合评价等找矿工作的全流程信息化,实现了核工业地质局全部勘探队和矿山的勘查开发工作数字化、网络化、可视化和信息化,从而快速推进铀矿资源勘查的数字化、信息化进程,助力绿色勘探工程。

　　项目研究成果获国家发明专利 8 项,软件著作权 3 项。

　　(1)发明人:张夏林、吴冲龙、李章林、陈俊良、李俊杰;专利名称:基于野外编录数据和自动制图综合的钻孔柱状图编绘方法;专利号:ZL 2015 1 0375828. X;授权公告日期:2016-06-22。

　　(2)发明人:张夏林、吴冲龙、陈茜、李俊杰、李章林;专利名称:基于野外编录数据和自动制图综合的钻孔柱状图编绘方法;专利号:ZL 2015 1 0306815.7;授权公告日期:2017-02-22。

　　(3)发明人:张夏林、吴冲龙、李章林、陈俊良、李俊杰;专利名称:带属性三维矿体块体模型切割生成二维剖面图的方法;专利号:ZL 2015 1 0827995.3;授权公告日期:2017-06-30。

　　(4)发明人:张夏林;专利名称:一种基于双层数据库的固体矿产资源储量估算系统;专利号:ZL 2014 1 0790681.6;授权公告日期:2018-04-24。

　　(5)发明人:张夏林、翁正平、李章林、沈再权、吴冲龙、刘刚、田宜平、何珍文、李新川、张志庭;专利名称:一种基于数字水印技术的地质体三维模型版权保护的方法;专利号:ZL 2017 1 0509091.5;授权公告日期:2018-07-31。

　　(6)发明人:张夏林、李章林、翁正平、付凡、吴冲龙、刘刚、田宜平、何珍文、李新川、张志庭;专利名称:基于多边形变形技术的剖面重构三维表面建模方法及系统;专利号:ZL 20171 0464749.5;授权公告日期:2020-06-26。

　　(7)发明人:张夏林、吴冲龙、翁正平、李章林、田宜平、张志庭、赵亚涛、谢俊、李俊杰;专利名称:一种铀矿蚀变类型及强度的可视化表达方法及系统;专利号:ZL 2019 1 0346376.0;授权公告日期:2020-10-30。

　　(8)发明人:张夏林、吴冲龙、田宜平、吴雪超、张志庭、翁正平、李岩、李俊杰、江志鹏、曾祥武、张楠;专利名称:基于剖面线和龙骨线控制的倒转褶皱三维地质建模方法;专利号:ZL 2021 1 0326097.5;授权公告日期:2021-03-26。

4.16 基于手持平板电脑的勘探钻孔数据智能采集系统

项目负责人：张夏林

项目来源：横向项目（中国核工业地质局）

主要完成人：张夏林、吴冲龙、田宜平、刘刚、李章林、翁正平、张志庭、张军强等

工作周期：2016 年 5 月 10 日—2021 年 12 月 30 日

 项目简介

2016 年至今，本团队与中国核工业地质局、贵州省地矿局等单位合作，研发出了基于手持平板电脑的勘探钻孔数据智能采集系统，实现了勘探钻孔数据的野外一次性数字化智能编录。系统采用搭载 Android 系统的移动设备，利用传感器辅助编录、语音识别辅助编录、可定制字典辅助编录、界面自定义、相关联数据辅助编录这几种手段辅助野外数据快捷及智能化采集工作，并在野外利用采集的数据直接在 Android 设备上进行地质图件的绘制，实现数据的现场制图及可视化表达。在完成勘探钻孔数据的野外采集后，采集系统使用无线或有线传输方式，上传到勘查大数据中心，成为勘探大数据的重要组成部分。

 主要成果

（1）应用移动互联技术，实现野外勘探钻孔数据的数字化智能编录。

该系统采用移动互联网技术，针对目前地质勘查野外数据采集和现场可视化技术存在的问题，研究了一套基于 Android 移动设备的野外地质数据采集及地质图件现场编绘技术，设计和开发了一套基于移动设备的野外地质大数据智能采集和可视化系统，并在资源勘查中应用。

（2）研发了一系列创新技术。

①传感器辅助采集技术。利用搭载 Android 系统的移动设备越来越智能化特性，实现空间信息测量类数据和物探测量数据两大类数据的自动采集，如图 4-16-1 所示。

②语音识别智能数据采集技术。采用人工智能技术，实现人机交互从键鼠交互、触屏交互转向自然语言交互，通过声音控制移动设备进行数据采集，无须手动操作，通过语音识别，转换文字也比直接用手在移动设备上敲打文字要快，该方法方便且能极大地提高采集效率。

聚焦前沿
追求卓越
计算机学院
10
年学术成果汇编
2012-2022

106

③可定制字典辅助编录技术。通过自定义控件技术来实现对任意字段进行自定义字典辅助编录。实现将字典内容显示在控件的选择框内供用户使用,从而实现标准地质数据的字典定制功能和数据采集的字典提示功能,如图 4-16-2 所示。

图 4-16-1　经纬度数据自动采集界面　　　图 4-16-2　字典提示方式的岩石名称采集

④界面自定义技术。野外地质数据采集的范围非常广泛,可采集的字段达数千条,因此准确录入数据到正确的位置是个难题。本系统开发实现了界面自定义技术,动态布局自定义的方式是指通过代码动态创建子控件,然后将子控件放置到父控件上,最后将组合好的控件放置到界面的根布局之中,从而可以实现动态创建控件,可以把常用的数据采集项目集成在一个界面上,减少界面切换所消耗的时间。

⑤关联数据辅助采集技术。采用数据仓库技术来分析编录数据之间的联系,进行数据合法性动态检测、预测和提示待录数据。针对勘探钻孔待录数据的关联预测:当用户针对一条数据进行录入时,根据该条数据各个字段之间的内在联系,可以直接得到的数据,将计算或推测结果自动填写在数据采集界面上;当用户针对同一张数据表进行录入时,根据主关键字来自动检索用户已经录入的相关数据,而后推测出用户将要录入的数据,将可直接确定的推测结果直接显示在录入界面上,将只能推测出一个范围的结果提示给用户,让用户从中选择;当用户针对不同的表格进行录入时,自动分析与该表相关联的其他表格,通过其他表格的数据自动预测该表格将要填写的数据,将推测结果自动填写在数据采集界面上。充分利用已有数据来对将录入的数据进行分析预测,进一步加快录入效率。

(3)依托项目研究成果,发表 SCI 检索论文 1 篇,核心期刊论文 2 篇。

转化与应用

通过在中国核工业地质局多个典型勘查区和贵州省多个金属矿山的实际应用,该系统实现了将勘探数据野外编录从手工或半计算机化方式,系统地转化为数字化方式,可以提高野外地质数据采集工作的效率,促进地质大数据智能化采集技术的发展。

项目研究成果获国家发明专利3项。

（1）发明人：张夏林，李宸，翁正平，李章林，何珍文，田宜平，刘刚，张志庭，吴冲龙；专利名称：基于移动设备的勘查项目野外工作数据上报方法及系统；专利号：ZL 2017 1 0140148.9；授权公告日期：2018-11-27。

（2）发明人：王晋，李宸，赵亚涛，夏雪，谢俊，朱文尧；专利名称：一种基于语音控制的地学数据采集方法及系统；专利号 ZL 201810375441.8，授权日期：2020-11-27。

（3）发明人：张夏林，夏雪，赵亚涛，李宸，王晋，谢俊，朱文尧；专利名称：一种基于声纹选择词汇的方法、设备及存储设备；专利号：ZL 2018 1 0375438.6；授权公告日期：2022-05-06。

4.17 "一带一路"空间信息走廊油气资源调查（预测）评价方法研究

项目负责人：徐凯
项目来源：国防科工局重大专项工程中心（GF19202001）
主要完成人：徐凯、孔春芳、王均座、郑境、杨昌语、李忻原
工作周期：2019年1月1日—2019年12月31日

 项目简介

针对"一带一路"计划开展油气资源调查评价的需要，建立三维可视化油气资源勘查系统，将遥感、SAR、物探、地质、地理等多源异构异质空间数据进行融合、处理、分析和应用，并且选择陆地预测区及海上预测区作为典型预测区，进行系统的示范应用研究，为"一带一路"沿线国家油气地质条件与油气资源潜力预测、评价提供新的有效途径，图4-17-1为项目整体研究框架。

 主要成果

（1）建立多尺度高分辨率和多/高光谱遥感数据油气信息耦合提取理论模型，结合油气成藏动力学理论，利用高分辨率遥感数据提取盆地、活动构造、断层等地质信息，圈定油气成藏靶区，在靶区研究范围内，利用高光谱数据提取油气蚀变异常信息，以提高遥感油气勘探精度。

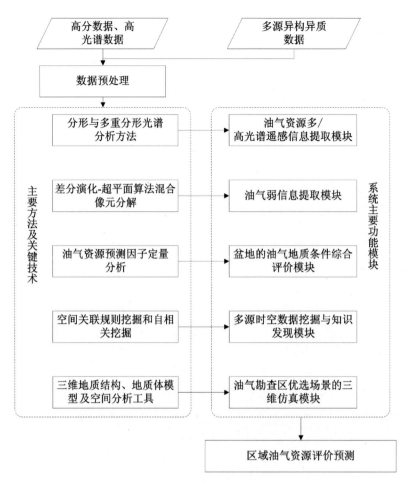

图 4-17-1　本项目的整体研究框架

（2）基于混合像元分解技术的油气弱信息提取方法，以遗传算法为基础，利用差分演化-超平面算法建立超平面分类模型，利用遗传算法（Genetic Algorithm，GA）对超平面的参数进行优化。利用超平面分类模型对遥感数据进行混合像元分解，提取油气弱信息。

（3）以油气地质理论为基础，分析油气资源预测因子（构造、地层、岩性、地貌、地震、钻井、遥感）与含油盆地类型间定量关系。在以上工作基础上，建立盆地的油气地质条件综合评价模型，并支持大范围的区域油气资源潜力定量评价。综合评价模型建立工作包括两部分内容，油气资源预测因子定量分析工作和以多源多尺度异构数据挖掘方法为基础的不确定决策树方法建模工作。

（4）建立复杂的地下三维地质结构和地质体模型，以及各种可视化分析工具，利用空间信息的三维仿真及三维动态时空仿真技术直接展示油气资源预测，模拟油气勘查区优选场景，并对空间数据进行静态和过程动态的分析。

4.18 云南 1∶5 万剑川县、鹤庆县、甸尾、松桂幅区域地质调查

项目负责人：郭建秋、杨启军

项目来源：中国地质调查局（1212011120627）

主要完成人：郭建秋、杨启军、童恒建、徐凯、崔永泉、贾蓝翔、张锡军、郭雨昕、孔春芳、彭雷、陈友仓、王振东、陈陵康、陈海霞、任琮

工作周期：2011 年 1 月 1 日—2013 年 12 月 31 日

 项目简介

该项目位于云南省西北部的丽江市和大理白族自治州交界处，大部分属剑川县和鹤庆县管辖，局部跨玉龙县和洱源县，东经 99°45′—100°15′、北纬 26°20′—26°40′，调查面积 1838 km²，项目经费 650 万元，属国家"地质矿产调查评价专项"项目。研究区地处唐古拉—昌都—兰坪—思茅褶皱系、松潘—甘孜褶皱系及扬子准地台结合部位。按照 1∶5 万区域地质调查有关规范和技术要求，在系统收集和综合分析已有地质资料基础上，系统查明该区地层、岩石、构造和成矿地质条件。

主要成果

（1）地层。①根据板块构造与沉积环境的关系，在原有群、组、段、层基础上采用归并、套用、解体、重新启用等方法，初步建立了测区 28 个正式地层单位和 19 个非正式地层单位。②基本查明了区内各地层单位岩性组合特征、古生物化石特征、接触关系、时代属性及沉积环境。特别是对宝相寺组砾岩、剑川组火山岩、北衙组细碎屑岩、化学岩、峨眉山玄武岩、白汗场构造（混杂）岩等地层调查取得了较大进展，对甘孜—理塘洋的成因与演化研究具有重大意义。

（2）岩石。①区内岩浆岩划分为 4 个构造岩浆岩带（剑川后造山岩浆杂岩带、金平-海东陆棚岩浆岩带、鹤庆台地岩浆岩带、松桂断陷盆地岩浆岩带），新填绘出若干侵入体，为区域岩浆岩的研究、对比与演化提供了新证据。②依据变质程度、变质特征，结合区域构造，对测区的变质岩、变质作用和变质相作了较详细的划分，划分为 1 个变质地区（滇西北）、3 个变质地带（上扬子、甘孜-理塘、中咱-中甸）、5 个变质岩带（沙溪-江长门、臭水井-松坡、福田-备马场、松桂-九顶山、白汗场-回龙），以及浊沸石-葡萄石相-低绿片岩相和低绿片岩相两类变质相。

（3）构造。①基本查明了测区地质构造格架和白汗场蛇绿（混杂）岩在区内的分布与物质组成，其基质和块体构成复杂，既有泥盆系、石炭系、二叠系的板岩、变

第四篇 地学信息工程

砂岩,又有三叠系碳酸盐岩物质,区域上还有基性火山岩和超基性岩的存在。表明该混杂岩在遭受印支期构造改造后,随着甘孜-理塘洋封闭过程中碰撞、挤压造山作用的加强,在石鼓—白汗场一带发生了向西俯冲消减、挤压变形和不均匀变质,又经喜马拉雅期后的地体运移、就位等过程,才广泛发育着现今的混杂面貌,为甘孜—理塘弧盆系的成生、发展与演化提供了重要资料。②在备马场-福田大断裂西侧的笔架山—玉皇山地带新发现 6.5km 长的超糜棱岩化带,这是中部脆韧性断裂的反映,也表明备马场-福田大断裂是多期次活动性断裂。③查明并厘定了区内 4 个时期(加里东期、海西期、印支期、喜马拉雅期)的 12 个构造层,它们主要反映各地质历史时期角度不整合、平行不整合、整合和断层接触关系。

(4)矿产。经野外地质填图和实测地质剖面工作,新发现 4 个矿点、1 个矿化点。

转化与应用

(1)地质图上表达了许多非正式地层单位、丰富了图面,并在新的地质理论指导下,建立了测区地层、岩石、构造格架;项目注重向社会服务领域延伸,收集了大量矿产资源、旅游资源及生态环境等资料,新发现 5 处矿(化)点,为国民经济建设和资源开发提供了宝贵的基础地质资料。

(2)项目野外工作结束后,开展了综合研究,形成了《云南 1∶5 万剑川县、鹤庆县、甸尾、松桂幅区域地质调查报告》,报告资料翔实、图文并茂,正文 39.6 万字,约300 余页。其中插图 146 幅、插表 65 份、图版 10 版,并有许多新发现、新认识,目前已提供生产、教学和科研部门参考使用。

4.19 国土资源综合数据分布式存储与共享系统

项目负责人:王勇
项目来源:横向项目(国土资源部)(20141963)
主要完成人:王勇、薛思清、王改芳、张霞
工作周期:2014 年 9 月 1 日—2015 年 12 月 31 日

项目简介

在空间技术、地理信息技术和网络技术推动下,我们不断获得大范围甚至全球的空间数据,它们被应用到越来越多的行业领域中。但这些应用因不同组织和个人根据自身的需求,在不同的软件平台搭建和维护,空间信息资源仍然面向特定行

110

业,依赖于特定的支撑环境,形成了分布异构的空间信息孤岛,造成数据标准不统一、应用推广难度大、运维成本要求高等一系列问题,使得地理信息系统从工程应用转向行业和社会应用受到限制。

面对上述问题,受互联网"众包模式"启发,本项目拟建设国土资源综合数据分布式存储与共享系统。分建共享最大的特色在于"适度集中管理,分工维护更新"的精细化管理方式,通过这种方式,各单位所拥有的资源可以在集成共享中心共享平台集中展现,并且由各单位各自维护,既保证了数据的安全,又实现了资源的共享。集成共享中心负责共享平台的技术支持和日常运行维护,通过细粒度的权限控制,以及各类统计监控数据结果,形成精细化的运维管控机制,保证了平台健康、稳定的运行,实现了数据服务、地图服务资源的有效共享,并为各类应用提供了资源和开发接口,降低地理信息应用门槛,打破空间信息孤岛,使得空间数据更容易服务于行业或社会应用。系统建设分为 5 个层次:用户层、共享服务层(数据访问层)、服务管理层(平台层)、数据资源层、数据入库归档层,如图 4-19-1 所示。

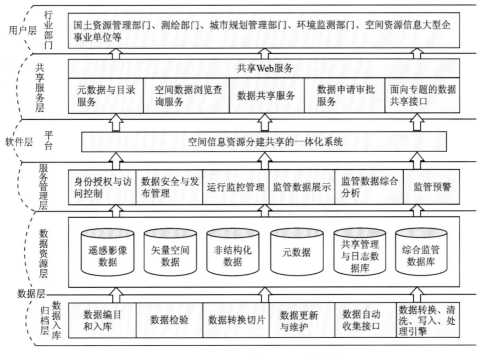

图 4-19-1 分建共享一体化系统总体结构

📖 主要成果

(1)通过采用统一的海量空间数据索引方法,将关系型数据库和非关系型数据库的空间索引编码方式和规则进行了统一索引。编码范围可以满足全球空间范围的海量数据存储需要。同时构建包括矢量和遥感影像(栅格)数据在内的所有空间要素的索引,同时满足了空间数据分级显示对查询速度的要求。

(2)通过对原始空间数据进行处理与制作生成的发布数据与原始数据物理分离。空间原始数据需要海量存储空间、数据冗余备份、快速存取、高可用和高并发的访问能力。建立面向海量空间数据分布式存储的私有云环境,一方面可以为空间数据提供海量信息的存储能力,另一方面将空间原始数据的贮存、管理脱离 GIS 平台和数据库管理系统,降低了系统的投资成本和系统的管理难度。当用户通过浏览服务或者元数据服务定位到需要的空间原始数据时,海量空间数据分布式存储管理系统可将原始空间数据通过网络下载到本地。

(3)针对空间数据共享服务面临的共享和安全现状,运用数字水印技术、加密技术等对空间数据进行安全保护,根据空间数据特点及其对安全方面的需求,从数据精度降低、加密、嵌入数字水印 3 个方面构建数据安全保护屏障,解决数据本身、数据使用以及传播过程中等存在的安全方面的问题,保护数据版权和生产者利益,防止和追踪地理数据的非法使用与传播。

(4)项目研究成果获 2018 年中国测绘学会测绘科技进步二等奖。

获奖成果:多中心分建模式下的地理空间大数据管理与服务一体化系统;参与者:王力哲、王勇、陈刚、薛思清、陈小岛、阎继宁、张飞飞、韩学武、郝朔、超能芳。

4.20　地质环境信息平台建设——地质环境数据仓库及数据仓库管理子系统建设

项目负责人:李振华

项目来源:国家其他部委项目(中国地质环境监测院)

主要完成人:李振华、梅红波、胡光道、吴湘宁、李程俊、肖敦辉、秦鑫、李浩、徐龙飞、张磊、刘志欢、张俊媛

工作周期:2013 年 5 月 1 日—2014 年 1 月 31 日

 项目简介

为了进一步完善我国地质环境信息平台中数据仓库及管理子系统的建设,本团队新增和优化现有的数据集市和立方,特别是地质环境综合评价数据立方,重点开发数据仓库辅助设计工具、数据仓库自动触发模块和联机检索分析与数据挖掘模块,方便用户从数据仓库中提取所需的统计数据,为地质环境评估、地质灾害预报预警等需求提供决策数据支持。

 主要成果

(1)建立了 4 个数据集市。分别是地质灾害监测与治理集市(6 个立方)、地下水监测与保护集市(4 个立方)、矿山地质环境监测集市(6 个立方)、地质遗迹保护集市(1 个立方)。

(2)设计了数据仓库辅助工具。针对数据仓库的管理和操作复杂问题,开发地质环境数据仓库辅助工具,通过工具,地质环境业务人员根据自身需要实时动态从地质环境基础库中提取基础数据组成数据立方体。

(3)进行了数据挖掘研究。针对地质环境评价问题,将常用数据挖掘算法集成于本系统中,并选取地质灾数据,完成了 2 个数据挖掘与评价示范。

转化与应用

该项目于 2013—2014 年度完成,研发一个国家级地环节点地质环境数据仓库系统原型,并成为国土资源信息化"十二五"规划"全国地质环境信息化建设"的一部分,为实现地质环境的"数据集成化、信息综合化、成果可视化、系统一体化"奠定了一定的数据基础。产品界面如图 4-20-1、图 4-20-2 所示。

图 4-20-1　中国地质环境信息平台总界面

图 4-20-2　地质环境数据仓库及数据仓库管理子系统功能界面

4.21　地质环境数据仓库及业务支撑平台数据立方建设（2014 年度）

项目负责人：李振华

项目来源：国家其他部委项目（中国地质环境监测院）

主要完成人：胡光道、李振华、梅红波、吴湘宁、李程俊、何彪、刘志欢、李旸、胡馨薇、魏晓东

工作周期：2014 年 7 月 1 日—2015 年 3 月 31 日

项目简介

完善数据仓库及管理子系统的建设工作，方便用户从数据仓库中提取所需的统计数据，并展示以数据立方为中心的多种动态图形，同时减少了人工重复编写简报的繁琐工作，为地质环境评估、地质灾害预报预警等需求提供决策数据支持和数据业务支持的多种服务及功能。

主要成果

（1）完善了地质环境数据仓库及数据仓库管理子系统，支持批量建立方、空间维自建和联机分析图表等功能。

（2）完成了地质环境综合评价分析数据立方、地下水环境综合评价立方和矿山地质环境综合评价立方建设。

（3）完成了业务支撑服务数据立方建设，支持数据的查询、更新，提供数据调用接口，实现了简报的半自动生成。

转化与应用

该项目于 2014—2015 年度完成，为上层综合评价系统、业务支撑系统乃至业务应用系统等信息系统提供数据服务，为实现国家级地质环境数据平台的一体化服务奠定了基础。产品界面如图 4-21-1 所示。

项目研究成果获国家发明专利 1 项。

发明人：李振华、梅红波、李旸、何彪；专利名称：一种用于自动生成报告的方法及装置；专利号：ZL201510807386.1；授权公告日期：2019-04-23。

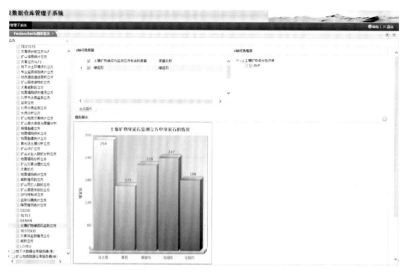

图 4-21-1　地质环境数据仓库及业务支撑平台数据立方分析

4.22　决策分析数据管理子系统建设及信息化管理制度汇编

项目负责人: 李振华
项目来源: 国家其他部委项目(中国地质环境监测院)
主要完成人: 李振华、吴湘宁、梅红波、张洁、叶菁、郑二佳、马晓刚、李迎
工作周期: 2016 年 8 月 26 日—2017 年 9 月 1 日

项目简介

　　建立一个决策分析工作流管理系统,为各应用系统提供统一的接口及数据采集界面,采集各决策分析主题的分析评价指标、数据库接口、决策分析评估知识、决策分析工作流及决策分析成果,并将工作流存入对应数据库中。

主要成果

　　(1)完成了地质灾害预警分析模型库、方法库,建立了分析评价工作流库、判据库、知识库、数据接口库和成果库。

　　(2)研究并建立了决策分析数据管理子系统,以工作流进行驱动,调用相关的模型、方法和分析评估知识,利用数据仓库或数据库中的数据进行决策分析。

第四篇　地学信息工程

聚焦前沿
追求卓越
计算机学院
10
年学术成果汇编
2012-2022
116

（3）根据库区地质灾害防治信息化建设、运行管理的需要，补充完善了基础设施及网络环境管理、安全管理、标准化管理、数据管理、信息服务管理、应用系统管理、信息化组织管理等制度内容，汇编成册并建库管理。

转化与应用

本系统为各应用系统提供统一的接口及数据采集界面，满足了以工作流进行驱动，调用相关的模型、方法和分析评估知识对数据库数据进行决策分析的要求，减少了对决策分析应用系统的维护，提高了决策分析过程的效率；与此同时，实现对模块节点的统一管理，能便捷地调用公共组件模型进行决策分析，实现以模型驱动的形式进行决策。产品界面如图 4-22-1 所示。

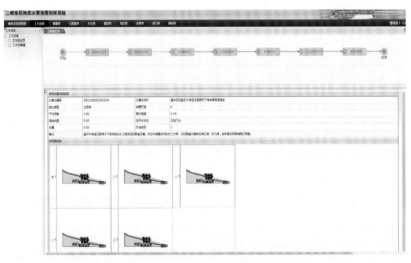

图 4-22-1 基于工作流的滑坡稳定性分析

4.23 湖北省地质环境数据仓库建设

项目负责人：李振华

项目来源：企事业单位委托科技项目（湖北省地质环境总站）

主要完成人：李振华、梅红波、郑二佳、代鹏

工作周期：2018 年 10 月 30 日—2018 年 11 月 30 日

 项目简介

根据地质环境决策主题的数据需求，对操作型数据进行重组，构建多维数据模

型,利用数据快速检索查询、联机分析处理及数据挖掘等工具,为地质灾害预报预警、地质环境评估等需求提供时间轴、空间轴、特征轴等多维度决策支持服务。

主要成果

(1)完成了数据仓库系统的建设,实现了数据仓库(Extract-Transform-Load,ETL)数据处理、多维数据模型建立、联机分析处理、数据仓库动态更新等功能,并无缝集成到地质云平台中。

(2)建立了多个数据立方:隐患点统计立方、矿山基本情况立方、地质公园信息立方、地质遗迹信息立方、地下水监测点数量统计立方、地下水资源承载本底评价统计立方、地下水资源承载状态评价统计立方、地下水资源承载潜力评价统计立方。

转化与应用

项目组进行地质环境决策主题建设(地质灾害防治、地下水环境保护、矿山地质环境保护、地质遗迹保护、资源环境承载力评估),采用面向服务的体系结构(Service-Oriented Architecture,SOA)或万维网(World Wide Web,WEB)网页与湖北省地质环境信息平台进行对接,为地质灾害险情日报、隐患点管理等需求提供多维度决策支持服务,为省厅地质环境管理、技术支撑、公众服务等工作提供相应的数据支撑,保障了全省地质环境数据的"生命力"。产品界面如图 4-23-1 所示。

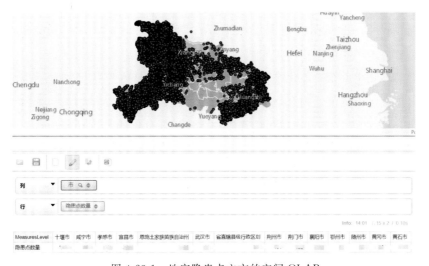

图 4-23-1 地灾隐患点立方的空间 OLAP

聚焦前沿
追求卓越

计算机学院

10

2012-2022
年学术成果汇编

118

4.24　野外样品采集系统的开发和数据处理系统的完善与开发

项目负责人：宋军
项目来源：地调协作项目(2019190008)
主要完成人：宋军、花卫华
工作周期：2019 年 5 月 1 日—2020 年 12 月 30 日

 项目简介

本项目主要包括 3 个主要工作内容：一是开发新的功能模块，进一步丰富地球化学勘查一体化系统的功能；二是解决和改善原有地球化学勘查一体化系统模块中的问题和缺陷；三是进行智能野外样品采集系统的研发。

 主要成果

(1)智能野外样品采集系统研发。围绕土地质量调查，对已有土地质量评价子系统进行维护和完善，新增研发灌溉水和大气沉降自动分级评价、多目标色块分级评价、色块统计、数据统计、数据转换等新功能，进一步面向全国推广应用。

持续完善和维护地球化学勘查数据一体化处理系统，使得此系统成为全国土地质量工作者及地球化学勘查工作者从事科研生产的强有力的辅助工具。

针对地球化学一体化系统对于地球化学野外数据的需求，开发移动端野外数据采集系统，协助外出作业人员完成作业任务的移动信息化应用。

(2)地球化学勘查一体化系统的新模块的开发。① 大气沉降物环境质量分级评价：依据大气干湿沉降物沉降年通量及其对土壤环境的环境地球化学等级，分为单指标划分出的大气环境地球化学等级和多指标划分出的大气环境地球化学综合等级。②灌溉水环境质量分级评价：类似于大气沉降物环境质量评价，灌溉水环境质量分级评价也是土地质量综合评价的辅助手段。③土地质量综合评价：在土壤质量地球化学综合等级基础上，叠加大气环境地球化学综合等级、灌溉水环境地球化学综合等级，形成土地质量地球化学等级。

 转化与应用

利用现代移动通信技术、GIS 技术、网络技术、可视化技术和软件技术，以土地质量调查方法技术为核心,同时兼顾地球化学找矿等方法技术,实现野外样品采集信息化系统的研发,实现其用户管理、智能记录卡、语音服务、线路优选等模块的需求和功能设计及开发,全面实现各个环节和过程的自动化、智能化管理。实现土地质量调查等方法技术的全面改造和升级,改变传统的工作方式,使地球化学野外采样方法技术走向智能化。在完善和开发的基础上,加大系统的公益性推广服务的力度和广度,使得此系统成为全国土地质量工作者及地球化学勘查工作者从事科研生产的强有力的辅助工具,成为智能化程度较高的标志性的公益性专用软件产品,如图 4-24-1、图 4-24-2 所示。

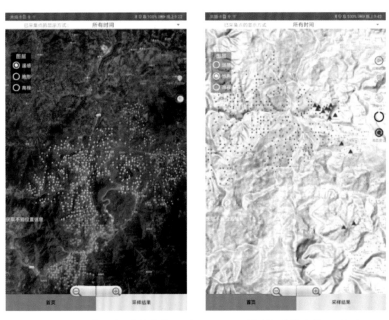

图 4-24-1 影像图与采样点位显示(左)及地形图与采样点位显示(右)

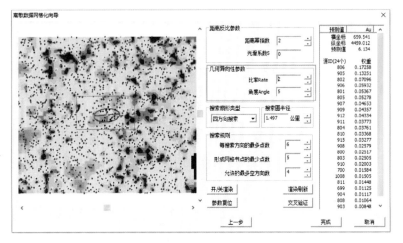

图 4-24-2 网格化(各向异性)图示

4.25　缝洞型油藏生产预测与水淹预警软件

项目负责人：张冬梅

项目来源：中国石油化工股份有限公司石油勘探开发研究院（33550000-17-ZC0611-0049）

主要完成人：张冬梅、姜鑫维、陈小岛、王琪

工作周期：2017 年 10 月 11 日—2020 年 7 月 30 日

 项目简介

提出一套基于集合经验模态分解的缝洞型油藏生产指标预测方法，系统分析影响生产井见水的地质因素、工程因素、生产管因素，总结高产井见水前异常特征，提出基于多重分形和层次分析法的见水风险评价分级算法和高产井水淹预警算法，填补此类方法的空白，形成一套与方法体系配套的软件系统，提高生产预测的精度，解决传统预警时滞性问题。

主要成果

（1）针对非平稳随机信号的生产数据，基于集合经验模态分解（Ensecnble Empirical Mode Decomposition，EEMD）技术，采用信息熵量化序列的不确定性，形成基于 EEMD 信息熵的支持向量自回归缝洞型油藏生产预测方法。

（2）采用多重分形量化水淹前油压、套压、产液量等生产指标变化特征，将构造位置、储集体类型、缩嘴次数、油压上升次数、关停井频率、邻井见水情况等地质因素、开发因素作为缝洞型油藏见水风险评价指标，形成基于层次分析法的见水风险评价分级算法。

（3）在研究高产井水体能量变化趋势和含水率变化规律的基础上，系统总结暴性水淹前的异常特征及突破型、充沛型、反转型等水淹异常模式，形成基于 K 线理论的水淹预警算法。

（4）开发具有独立自主知识产权的"缝洞型油藏生产预测与水淹预警软件"（图 4-25-1），实现生产指标预测和见水风险评价，通过预警预报采取适宜的控水稳油措施。

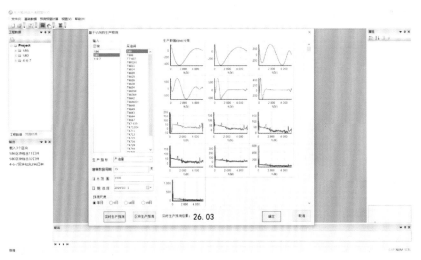

图 4-25-1　缝洞型油藏生产预测与水淹预警软件主界面

转化与应用

成果应用于塔河油田和顺北油田生产实践,研究成果对重大专项有重要的支撑作用,对实现增产、稳产,保持油田持续发展意义重大。

4.26　古生物化石识别 APP(科普版)

项目负责人:张冬梅
项目来源:中国地质调查局(cgl2018078A1)
主要完成人:张冬梅、孔春芳、章丽平
工作周期:2018 年 5 月 1 日—2018 年 12 月 30 日

项目简介

古生物化石种类繁多,知识系统庞杂,公众对古生物的认识水平较低,传统方式科普效率低。利用 APP 向公众进行古生物知识科普,通过古生物化石识别 APP(科普版)实现相机去认识古生物,提供古生物知识普及与化石识别两大部分(图 4-26-1)。APP 包含客户端和服务器端两大模块,客户端用来管理和展示古生物知识并上传图片,服务器端完成图片自动识别。

图 4-26-1　古生物化石识别 APP(科普版)软件界面

主要成果

(1)以地质年代和门纲为主线,系统梳理古生物知识,以门纲为主线总结 21 个门 43 个纲的古生物知识,进行关联性展示。科普知识的学习内容主要包括百科和史迹两部分。

(2)古生物信息查询功能通过输入古生物相关信息(如名称、概念、种类、习性等)进行查询检索,显示古生物数据库中的文字信息与图片信息以及与之相关的词条。

(3)古生物化石样本采集和整理,基于图片搜索引擎,编写网页爬虫获取图片,对博物馆和古生物实验室化石样本进行样本采集,基于 MySQL 数据库搭建数据库。其中古生物数据库主要包括各类古生物相关信息,用户信息库主要包括用户信息统计、更新与记录,图片信息库主要包括各类古生物图片存放位置。

(4)基于深度学习技术实现古生物化石的自动识别,设计具有十二层网络结构的卷积神经网络模型,包括 5 层卷积层、3 层池化层、3 层全连层,训练识别展示识别结果、计算概率及相关属性描述和文字描述等。

(5)开发古生物化石识别 APP(科普版),提供古生物信息查询、科普知识学习、化石自动识别、用户互动、用户管理等功能模块,实现安卓、苹果 IOS 应用封装上架。

转化与应用

成果上线运行 3 年,用于古生物知识科普。

4.27 KarstSim 模拟器 GPU 并行软件

项目负责人:陈小岛
项目来源:中国石油化工股份有限公司石油勘探开发研究院
主要完成人:陈小岛、张冬梅、邓泽、姜鑫维
工作周期:2017 年 9 月 20 日—2020 年 9 月 30 日

项目简介

本项目"KarstSim 模拟器 GPU 并行软件"是中国石油化工股份有限公司石油勘探开发研究院为改善油藏数值模拟软件而委托本项目组完成。本项目组开展了基于异构多核架构的多重介质多相流数值模拟器并行计算的研究,实现了油藏数值模拟大规模并行化工作,并进行计算系统架构如图 4-27-1 所示。

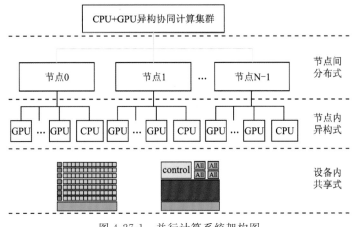

图 4-27-1 并行计算系统架构图

主要成果

(1)设计并构建高性能计算平台。①设计由工作站、交换机与 GPU 计算卡组成的硬件平台。②设计采用 CUDA 编程结合 MPI 编程的软件环境。

(2)设计开发基于 GPU 并行的 Jacobi 矩阵并行计算方法。①设计稀疏矩阵在 GPU 显存中的压缩表示数据结构。②具有负载均衡能力的 GPU 稀疏矩阵-向量乘模块设计与开发。

(3)设计与开发基于 CPU-GPU 混合并行的数值模拟软件。①通过分布式并行模拟加速 KarstSim 多重介质多相流数值模拟单节点并行软件。②通过分布式并行模拟加速 KarstSim 多重介质多相流数值模拟多节点并行软件。

聚焦前沿
追求卓越
计算机学院
10
2012—2022
年学术成果汇编

124

转化与应用

基于 GPU 并行的计算模块下,KarstSim 多重介质多相流数值模拟并行软件加速效果良好,特别是在核心函数的加速上,与原有的串行版本相比有了较大的提升。成果软件在塔河油田的实例上进行了验证,最大实例约 40 万网格大小。

4.28　新疆干线公路网建设支撑技术研究与应用示范项目

项目负责人:李向
项目来源:中交宇科(北京)空间信息技术有限公司(2012196539)
主要完成人:李向、王柏轩、吴杰、童恒建、朱莉
工作周期:2013 年 1 月 1 日—2013 年 12 月 31 日

项目简介

西部大开发战略实施以来,对于西部地区,尤其是新疆等地来说,修建高速公路成为近年来的首要任务。但是,西部地区海拔较高,地理环境恶劣,盐渍土、冻土和荒漠等特殊地质体广泛分布。本项目以新疆尉犁县罗布人村寨为研究区域,针对当地典型的不良地质体遥感影像特征,重点探讨了深度学习算法在不良地质体识别与分类中的应用,为新疆公路勘查设计、施工与运营管理一体化提供决策支持。

主要成果

以新疆尉犁县罗布人村寨为研究区域,针对当地典型的不良地质体遥感影像特征,重点探讨了深度学习算法在不良地质体识别与分类中的应用,为新疆公路勘查设计、施工与运营管理一体化提供决策支持。

转化与应用

(1)2012 年 11 月 1 日,优秀测绘工程奖一等奖,新疆喀什至伊尔克什坦高速公路工程测量,排名第 5,中国测绘学会。

(2)2012 年 8 月 30 日,地理信息科技进步奖二等奖,基于 LiDAR 技术的道路智能设计方法及系统研究,排名第 5,国家测绘地理信息局。

(3)2014 年 3 月,地理信息科技进步奖二等奖,真三维可视化公路建设项目管

理关键技术研究与应用,排名第2,中国地理信息产业协会。

(4)2016年11月,地理信息科技进步奖三等奖,真三维高速公路运营智能管理技术研究,排名第6,中国地理信息产业协会。

(5)2016年11月,测绘科技进步奖二等奖,高分综合交通应用服务原型系统关键技术研究及应用示范,排名第5,中国地质大学排名第3(3个单位),中国测绘地理信息学会。

4.29　公路工程勘查设计信息系统开发研究

项目负责人:赵曼
项目来源:浙江省交通规划设计研究院有限公司
主要完成人:赵曼、李晖、李贝、唐小峰、祝存龙、李胜龙
工作周期:2018年2月1日—2019年2月1日

📖 项目简介

勘查设计是工程建设的重要环节,勘查设计的好坏能够影响建设工程的投资效益、质量安全及工程进度,但目前大部分设计院的勘查设计工作的流程安排按照传统纸质的方式进行传递,效率很低。

为提升设计质量、提高设计效率、规范设计流程,通过建立"信息化勘查设计管理系统",完善项目信息管理,使管理方式由传统管理向着系统管理方式转变。借助网络信息技术,最大限度整合各方信息、外业资料、工程数据等各类资源,通过建设项目多参与方之间的知识共享,发挥群体工作优势,提升项目的管理水平,公路工程勘查设计信息系统效果截图如图4-29-1所示。

📖 主要成果

本系统旨在整合硬件、软件、业务数据、管理信息等各类资源,使项目管理纳入信息化、流程化、智能化和规范化的管理体系,提升企业的管理水平。

(1)采用基于B/S架构和Andrioid系统的电脑端和手机端的地图的外业信息管理,实现多种格式的地图自动加载,如百度地图、dwg格式底图等,地图只要位置正确,不同比例可以自动转换校正。

(2)实现项目分段功能。将全部线路划分为不同的路基、路堑、桥梁、隧道等进行分段管理,设计调查中的相关属性可体现在结构物中;具备组、群管理概念。

聚焦前沿
追求卓越

计算机学院

10
年学术成果汇编
2012-2022

126

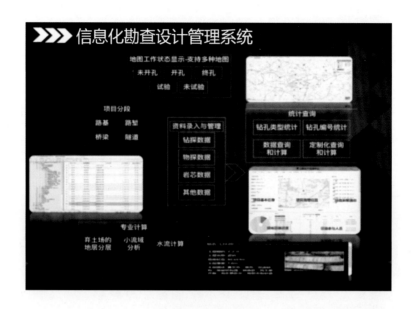

图 4-29-1　公路工程勘查设计信息系统效果截图

（3）实现外业调查勘查资料录入与管理。将钻探、物探、岩芯照片等进行关联，具备模板功能，可直接使用其他类似地区相关模型，数据在录入与管理中符合标准化。

（4）实现工作状态展示。通过颜色差别展示不同施工状态，如未开孔、开孔、终孔等，试验、未试验等一系列可用于表达项目状态和进展的标识。

（5）完成统计查询计算功能。具备数据统计功能，统计方式多样，可按钻孔编号统计，也可以按钻孔类型统计；数据具备查询功能和相关计算功能，并可定制化查询和计算。

（6）在天地图、线位图投影中，采用 OpenLayers 和 ArcGIS 技术，将 kml 文件解析得到 CAD 要素加载在地图容器中的绘制层展示，实现专业分析功能。具备专业问题的分析计算能力，如弃土场的地层分层、小流域分析、水流计算等，实现专业化问题分析解决方案。

转化与应用

项目研究成果获浙江省岩土力学学会 2020 年度一等奖 1 项。

获奖成果：岩溶地区公路建设综合技术研究；证书编号：2020YK（K）-1-03-R08。

本项目研究成果获软件著作权 1 项。

软件编写人：赵曼、李晖、李贝、唐小峰、祝存龙、李胜龙；软件著作权名称：覆盖型岩溶塌陷危险性评价系统；编号：2018SR28203；授权日期：2018-04-25。

依托项目研究成果开发的《信息化勘查设计管理系统》系统软件应用于浙江省交通规划院各外业工程项目。

4.30 中意大学生共同绘制月球图

项目负责人： 胡成玉
项目来源： 科技部重点研发计划子课题（政府间国际科技创新合作重点专项）
主要完成人： 胡成玉、姚宏、刘超、颜雪松
工作周期： 2021 年 1 月 1 日—2024 年 12 月 30 日

项目简介

利用我国探月卫星探测有关数据和意大利空间探测数据，开展"中意大学生共

聚焦前沿
追求卓越

计算机学院

10
年学术成果汇编
2012-2022

128

同绘制月球图项目"。由教育部深空探测联合研究中心(重庆大学)(简称"中心")牵头,联合清华大学、中国地质大学(武汉)、南京大学、华东师范大学及中科院国家天文台等与意大利国家空间局数据中心、帕尔马大学、米兰理工大学、基埃迪佩斯卡大学、卡利亚里大学、帕维亚大学、意大利国家物理天文研究中心和意大利国家研究院等合作单位共同承担"中意大学生共同绘制月球图项目"。项目组准备绘制包含月球元素分布图、地质构造图、微波亮温图和太阳风离子图等在内的系列图集,最后组织各成员单位,集成优秀研究成果,编写并出版科普教材。

中国地质大学(武汉)主要负责制作月球数字三维地形图及局部区域可视化研究工作。月球地形是描述月球基本特征的重要参数,是揭示月壳厚度、弹性厚度、月壳和月幔密度等月球内部结构参数不可或缺的基础数据。嫦娥一号绕月探测器搭载的激光高度计获取了月表 900 多万个激光测高数据点,结合激光高度计获取的数据序列、卫星轨道参数和卫星姿态数据等,可获得卫星星下点月表地形高度信息,并制作高精度月球数字地形图。

采用数字地球技术建立数字月球模型,包括:①研究月球三维坐标系统与月球经纬网坐标系统的关系,将月球地形数据进行空间分割和地理坐标配准,并配准其他月球数据的地理坐标;②研究月球地图投影,选择最合适的月球图投影类型,并实现投影的转换算法;③建立月球空间数据模型和数据结构,实现大规模月球地形数据和其他相关数据的数据库存储;④设计实现月球空间数据网络传输协议,实现大规模空间数据的渐进式网络传输;⑤设计实现月球空间数据库服务引擎系统;⑥实现数字月球地形可视化,对部分区域进行三维立体演示,包括实现三维数字模拟和漫游等功能。

第五篇 空间信息工程

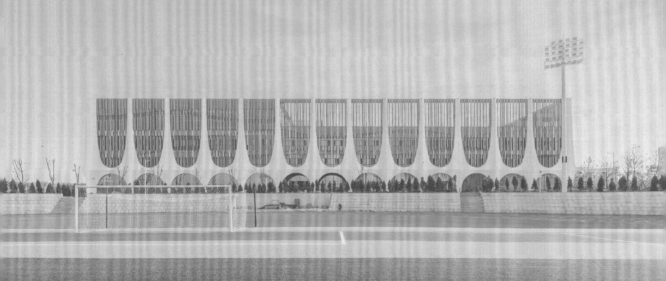

聚焦前沿
追求卓越

计算机学院

10

2012~2022

年学术成果汇编

130

导言

计算机学院空间信息工程方向主要开展利用智能计算的理论与方法求解航天工程中的系列复杂问题,实现了精确转移轨道的设计与优化、深空探测工程可靠性分析、卫星星座设计与优化、多星任务规划与调度、卫星星座覆盖计算、卫星星座性能评估、空间综合信息传输网络的设计与优化、空间暗弱微小目标检测以及遥感影像智能解译等方面的研究工作,研发了具有完全自主知识产权的航天任务基础软件CSTK、行星际轨道优化和仿真软件ITOT等,为我国由航天大国向航天强国迈进作出了重要的贡献,破解了我国在航天基础软件领域的重要问题。承担"十一五""十二五""十三五""十四五"民用航天预研项目、国家自然科学基金项目、装备预研教育部联合基金项目、863计划重大科技专项项目、高分辨率对地观测系统重大专项等项目。

5.1 火星探测器轨道鲁棒性设计与工程可靠性分析

项目负责人:戴光明

项目来源:国家自然科学基金面上项目(61472375)

主要完成人:戴光明、彭雷、王茂才、宋志明、陈晓宇、武云等

工作周期:2015 年 1 月 1 日—2018 年 12 月 31 日

📖 项目简介

火星探测器轨道设计是火星探测工程关键问题之一。本项目以火星探测工程实际应用为目的,提出了一种演化圆锥曲线模型和基于协同演化框架优化算法,提高了初轨设计效率;通过研制逐次逼近打靶法来提高基于 B 平面微分修正的鲁棒性,实现地-火精确轨道求解。在地-火转移中途修正中引入多目标思想,实现修正次数和修正能量的均衡。最后,对计算结果进行工程可靠性分析,并利用物理模型对结果分析验证。

📖 主要成果

(1)首创了演化圆锥曲线拼接法,如图 5-1-1 所示,克服了传统圆锥曲线拼接法鲁棒性差的问题。针对传统圆锥拼接法搜索时间长甚至搜索不到解的问题,创新性地提出了将逃逸轨道和捕获轨道的参数作为决策变量同时进行优化,根据不同的工程约束和任务要求,将它们转化为模型的优化变量、约束条件或罚函数的方法,显著提高了轨道拼接的效率和成功率。

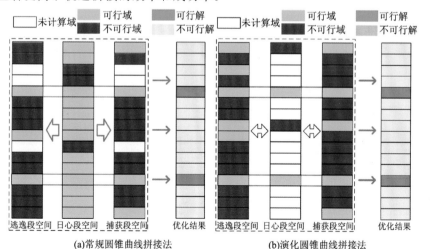

(a)常规圆锥曲线拼接法   (b)演化圆锥曲线拼接法

图 5-1-1　传统的圆锥曲线拼接法及本成果提出的演化圆锥曲线拼接法

(2)基于多种优化策略,创新性地提出了高鲁棒性微分修正方法,降低了初值的敏感性。针对航天器轨道设计的强非线性特性,其线性收敛域非常小,初轨计算结果往往导致微分修正失败等问题,提出了将航天器轨道设计问题映射到一个弱非线性的相空间下进行设计,以及通过减小微分修正的步长,使得每次微分修正都在航天器轨道设计问题的线性收敛域内,实现了误差影响下的空间轨道鲁棒性优化设计,降低了初值的敏感性并极大地提高了算法的效率。

(3)提出了二体、三体、多体轨道计算模型,采用数值法和解析法两种方法,实现了对航天器轨道的精确计算和鲁棒性设计;在此基础上,研发了一款具有完全自主知识产权的航天器轨道智能优化设计软件平台,如图 5-1-2 所示,突破了国外在航天专业工具软件上对我国的技术封锁。

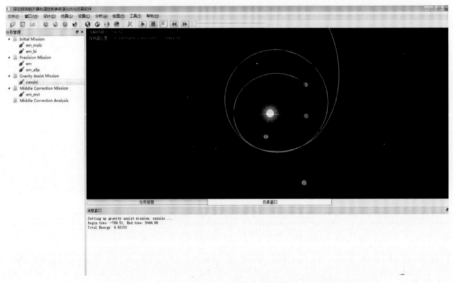

图 5-1-2　航天器轨道智能优化设计软件主界面

转化与应用

本项目研究成果于 2019 年获得湖北省科学技术进步奖二等奖、第二届空间智能技术创新大赛二等奖,并成功应用于中国航天科技集团第八研究院上海卫星工程研究所和中国空间技术研究院钱学森空间技术实验室等国家重大专项项目,在摆脱国际的技术封锁,为实现航天器轨道优化设计的完全自主可控奠定了坚实的基础,取得了显著的社会效益。

获奖成果:航天器轨道鲁棒性设计方法;参与者:戴光明、王茂才、彭雷、宋志明、陈晓宇、武云、胡霍真、罗治情、詹炜、余艳。

5.2 积雪面积、生态系统产水及城镇典型复合地物监测模块研发

项目负责人：王茂才

项目来源：高分辨率对地观测系统重大专项（简称高分重大专项）

主要完成人：王茂才、戴光明、彭雷、宋志明、陈晓宇、武云

工作周期：2016 年 1 月 1 日—2016 年 12 月 30 日

 项目简介

本项目为高分重大专项项目"地球表层系统科学研究应用示范系统"（Y4D00100GF）的子课题。项目围绕青藏高原积雪面积监测、黄土高原生态系统产水监测、城镇典型复合地物监测等高分系统典型应用需求，研发了积雪面积监测、生态系统产水监测、城镇典型复合地物监测 3 个软件模块，并集成到高分地球表层系统科学研究应用示范系统，为科研用户单位提供了有效的示范应用。

 主要成果

（1）研发了青藏高原积雪面积监测软件模块。该模块负责青藏高原积雪面积监测产品的处理，并集成本模块到高分地球表层系统科学研究应用示范系统。

（2）研发了黄土高原生态系统产水监测软件模块。该模块负责黄土高原生态系统产水监测产品的处理，并集成本模块到高分地球表层系统科学研究应用示范系统。

（3）研发了城镇典型复合地物监测软件模块。该模块负责城镇典型复合地物监测产品的处理，并集成本模块到高分地球表层系统科学研究应用示范系统。

（4）依托项目研究成果，出版学术专著 1 部，在国内外著名期刊发表相关学术论文 5 篇。

 转化与应用

项目研究成果获中国仿真学会创新技术奖一等奖 1 项，获国家发明专利 1 项，获计算机软件著作权 3 项，入选并参展由中国共产党中央军事委员会装备发展部主办的第三届军民融合发展高科技成果展览会。

项目研究成果已应用于中国科学院空天信息创新研究院承担的民用航天遥感"天地一体化卫星应用评价技术"项目中。

聚焦前沿
追求卓越
计算机学院
10
年学术成果汇编
2012-2022

134

5.3　地质灾害应急监测的卫星调度算法研究

项目负责人：王茂才
项目来源：国家自然科学基金面上项目(41571403)
主要完成人：王茂才、戴光明、陈晓宇、宋志明、彭雷、武云
工作周期：2016 年 1 月 1 日—2019 年 12 月 30 日

 项目简介

项目针对地质灾害应急监测的多星协同调度问题，主要从其面临的各种复杂约束和应急监测的强时效性要求入手，建立了一种面向地质灾害应急监测的多星协同调度模型，设计了一种满足实时性要求的卫星调度算法，提出了一种有效的多目标算法优化结果的评价方法。本项目研究显著地改善了地质灾害发生时灾区数据获取的时效性，为救灾减灾提供了坚实的空间数据支持。

 主要成果

(1)提出了一种适合于求解地质灾害应急监测调度问题的多目标优化算法。地质灾害应急监测中的成像卫星调度问题有多个相互冲突的目标要同时进行优化，是一类具有多峰多谷的多变量、多约束、多目标的复杂计算问题。项目通过关联操作融合了基于指标的多目标演化算法和基于参考点的多目标演化算法，提出了一个新的基于增强 θ 支配和密度选择的演化算法，改进了多目标优化算法的收敛性与多样性。

(2)以任务需求为出发点，创新了星座设计与卫星组网的方法。卫星规划调度的前提是卫星轨道的精确计算及适合于任务需求的星座设计方法。项目以任务需求为出发点，设计了共地面轨迹的卫星星座，提出了双层协同对地观测卫星星座设计方法，并在此基础上提出了基于任务驱动的卫星星座设计方法。

(3)针对地质灾害应急监测特点，设计了基于优先级和冲突避免的启发式调度规划算法。项目面向地质灾害应急监测环境下的动态任务特性，提出了自学习策略控制下的星上资源自主任务分配方法、面向大规模任务请求的多星联合调度智能优化算法、动态应用需求下的资源感知和星上任务快速自主规划方法。

(4)提出了多种对地覆盖的快速计算方法，显著提高了地质灾害应急决策的响应速度。重大地质灾害发生时，需要对调度算法的结果进行科学评判，便于制定应急决策方案。项目深入地研究了各种调度方案下的对地观测覆盖计算方法，提出了卫星对地覆盖计算的形式化数学描述方法，提出了经度条带法、纬度条带法等多种对地覆盖的快速计算方法。

（5）依托项目研究成果，在国内外著名期刊发表相关学术论文 19 篇，发表会议论文 6 篇（其中中国计算机学会 CCF 推荐 C 类会议 GECCO 论文 3 篇、智能计算领域的著名国际会议 IEEE CEC 论文 3 篇），出版学术专著 4 部。

转化与应用

本项目研究成果获湖北省科技进步奖二等奖、中国仿真学会创新技术奖一等奖等多项奖励，获国家发明专利 6 项、国防发明专利 3 项，获计算机软件著作权 6 项，入选并参展由中国共产党中央军事委员会装备发展部主办的军民融合发展高技术装备成果展览会 2 次（2016 年第二届、2017 年第三届），入选并参展第 21 届中国国际高新技术成果交易会（2019 年）。

项目研究成果广泛应用于国防科工局重大专项工程中心、中国空间技术研究院（航天五院）、上海航天技术研究院（航天八院）、中国航天科工集团第二研究院（航天二院）、中国航天系统科学与工程研究院（航天十二院）、中国航天标准化与产品保证研究院、中国科学院空天信息创新研究院、中国科学院上海微小卫星研究中心、国防科技大学等数十家科研院所承担的国家重大型号工程中。

5.4　求解地球-火星工程轨道的混合优化算法研究

项目负责人：彭雷
项目来源：国家自然科学基金青年科学基金项目（61103144）
主要完成人：彭雷、戴光明、王茂才、宋志明、陈晓宇、左明成、熊金莲、张燕云、唐喆等
工作周期：2012 年 1 月 1 日—2014 年 12 月 31 日

项目简介

深空探测的诸多复杂因素，如目标多样性、技术多样性等，导致轨道的搜索空间往往呈现多约束、高度非线性和初值敏感等特点。本项目在地球-火星等深空探测器轨道优化设计中采用智能计算、机器学习等技术，试图解决传统计算难以解决的系列复杂问题，提高深空探测航天器轨道优化设计系统的计算能力、智能自主水平及健壮性能。

主要成果

（1）提出了地球-火星快速初轨设计方法，在该优化模型中，将逃逸轨道和捕获

轨道的部分根数作为决策变量,同时根据不同工程约束和任务要求,转化为模型的优化变量和约束条件。在此基础上,提出了基于聚类的概率模型差分演化算法、基于同解变换的差分演化算法、求解高维优化问题的混合差分演化算法和基于邻域支配熵的混合多目标演化算法,通过理论分析和实验对比,验证了算法求解地球-火星轨道设计的能力。

(2)针对深空轨道设计过程中存在搜索空间大、高度非线性等问题,提出了基于空间分割的全局智能优化框架,如图 5-4-1 所示。该框架利用空间点采样和统计分析方法,利用空间分割技术削减搜索范围,同时利用探索下降梯度的局部搜索算子提高算法的智能搜索能力。2017 年 9 月,利用该框架,成功找到了欧洲航天局先进概念团队 2005 年设计的深空轨道优化问题数据库(Global Trajectory Optimization Problem,GTOP)中最复杂的信使号(Messenger)探测问题的更优结果。

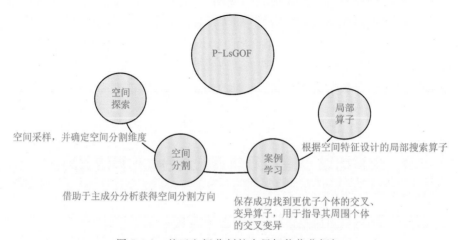

图 5-4-1　基于空间分割的全局智能优化框架

(3)鲁棒性要求是指目标函数对解的设计参数或环境参数微小变动的不敏感,在航天工程等重大工程项目中,解的鲁棒性分析具有重要的意义。本项目针对鲁棒优化问题,提出了基于坡度的鲁棒优化算法和基于张口度的鲁棒性分析方法,并对地球-火星初轨设计中的 11 个局部优化解进行了鲁棒性分析,得到预期结果。

📖 转化与应用

本项目研究成果于 2019 年获得湖北省科学技术进步奖二等奖、第二届空间智能技术创新大赛二等奖,并成功应用于上海航天技术研究院(又称中国航天科技集团公司第八研究院)上海卫星工程研究所和中国空间技术研究院钱学森空间技术实验室等单位的国家重大专项项目,在摆脱国际的技术封锁,为实现航天器轨道优化设计的完全自主可控奠定了坚实的基础,取得了显著的社会效益。

5.5 面向复杂操作约束下的多敏捷卫星任务自主规划方法研究

项目负责人:陈晓宇

项目来源:国家自然科学基金青年科学基金项目(62006214)

主要完成人:陈晓宇

工作周期:2021 年 1 月 1 日—2023 年 12 月 31 日

项目简介

多星联合调度规划问题涉及多学科知识,是我国空天地一体化体系设计的基础。本项目充分考虑空间态势环境多变、卫星姿控灵活、载荷类型多样、任务规模庞大、规划处理要素关联关系复杂等问题特性,开展多敏捷卫星任务自主规划模型、理论与方法研究,为卫星系统的高效设计和复杂航天任务协同规划等服务提供必要的决策支持。

主要成果

(1)考虑摄动影响下的分阶段卫星轨道设计与鲁棒性星座构型优化。针对周期性星地覆盖要求,研究了多敏捷卫星轨道优化设计,构建了混合整数线性规划模型和高鲁棒性 0/1 线性规划模型,提出了更加精确高效的半解析敏捷多星轨道优化设计方法,考虑摄动模型下多敏捷卫星多目标优化设计,提高了星座设计结果的应用稳定性。

(2)复杂操作约束下的多敏捷卫星联合调度混合整数线性规划模型构建。充分考虑多敏捷卫星大规模任务协同规划问题中各项复杂操作约束,尤其是考虑强执行时间窗口争用冲突特征下,对各项复杂的操作约束进行形式化描述,在混合整数线性规划模型构建中引入基于任务冲突度稀疏表达下的严格切割不等式,实现了对所研究问题的准确表达,也为各类高效优化算法的设计提供了必要的基础。

(3)面向强时间窗口争用冲突的多敏捷卫星联合调度规划算法设计。设计了基于问题特性和先验知识的剪枝策略,提出了有效搜索和无效搜索的判断条件,同时采用列生成法和协同差分进化方法对大规模任务进行降维,有效缩小了问题搜索空间;基于调度任务和资源的时空分布特征,设计了基于优先级和冲突避免的启发式任务与资源分配策略,提出了多敏捷卫星任务协同规划智能优化方法,探讨了大规模高维优化问题最优解的生成和可行解的求解效率。

(4)具有完全自主知识产权的多星联合调度规划优化设计仿真平台研发。软

聚焦前沿
追求卓越

计算机学院

10
年学术成果汇编
2012-2022

138

件平台可提供大规模复杂应用需求下，场景管理、资源管理、任务管理、访问目标计算、调度规划预处理、面向常规任务和应急任务的多星联合调度规划方案快速设计单目标/多目标优化算法，调度规划方案的甘特图和报表展示，不仅能够对卫星系统静态应用能力进行分析，还能够对调度规划方案的可靠性和稳定性进行评估论证，如图 5-5-1 所示。

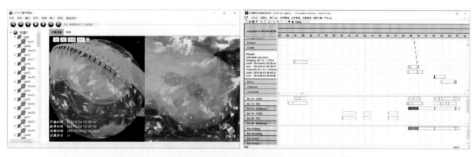

图 5-5-1　面向任务的在轨资源协同推演软件平台

本项目的研究工作，能够有效解决有限资源和复杂操作约束下多敏捷卫星网络系统的资源调度规划问题，显著改善大规模任务协同规划方案最优解的生成，同时提高最优可行解的生成效率。

转化与应用

当前，"卫星＋传统领域"的发展模式为我国经济发展与科技进步提供了新一轮增长点，并成为我国各领域的产业智慧化与跨界融合化的核心推动力量所在。项目研究结果能够对复杂卫星网络系统的总体设计方案进行综合评估和论证，同时能够为复杂卫星网络系统的高效设计和正常运行提供必要的决策支持。实现利用有限的卫星和地面站等资源，为自然环境、农业生态、军事侦察、城市规划等多个领域提供常规和应急的遥感和数传服务，以及进一步服务地方经济。

计算机学院
学术成果汇编
10年
2012—2022

第六篇　网络与信息安全

聚焦前沿
追求卓越

计算机学院

10
2012-2022
年学术成果汇编

140

导言

　　计算机学院网络与信息安全方向主要从事相关理论与应用研究，侧重于研究计算机网络技术、软件定义网络，物联网、云边计算、网络策略技术、网络空间安全、物联网安全、大数据与人工智能安全、应用密码学、区块链、隐私保护等方向。在移动智能物联网安全，大数据隐私保护与人工智能安全，区块链及其在智慧城市、海洋大数据等领域的应用，移动支付、版权保护等的安全理论、体系与方法以及卫星规划安全调度模型与算法等方面形成特色方向。承担国家和省部级等各类科研项目，获得省部级以上奖励 3 项。

6.1 软件定义传感网络中的资源分配与任务管理研究

项目负责人：曾德泽
项目来源：国家自然科学基金青年科学基金项目(61402425)
主要完成人：曾德泽、刘超
工作周期：2015 年 1 月 1 日—2017 年 12 月 31 日

项目简介

随着电子技术、通信技术、传感技术的发展与融合，传统针对单一任务的专用传感网络，向面向多任务的软件定义传感网络演化，其架构如图 6-1-1 所示。软件定义传感网络中节点具有可灵活配置的特性，使得传统的资源分配与任务管理方法不再完全适用。针对可灵活配置的网络资源，如何处理资源分配与任务管理中监测质量和网络能耗之间的权衡问题，是软件定义传感网络中一个亟待解决的重要问题。本项目从基础理论、优化模型以及算法层面对该问题进行了研究。首先，从理论上分析了监测执行节点的选择如何影响监测质量、代码分发和数据收集的能耗；其次，围绕最小化网络能耗的目标，以监测质量和网络资源限制为约束条件建立了优化模型并求解；再次，设计了在线资源分配算法，以应对动态事件引起的资源分配方案调整。本项目在理论上揭示了多任务软件定义传感网络中节点与任务的关联性，初步建立了网络能耗优化的资源分配与任务调度的理论框架，为协议设计和工程实践奠定了理论基础并提供技术支撑。

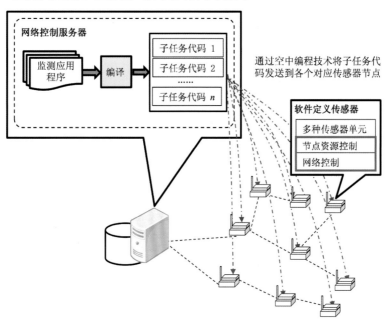

图 6-1-1　软件定义传感网络架构图

主要成果

以提高网络能效为总体目的，课题研究了软件定义传感网络中的执行节点选择、代码分发、数据收集、在线动态事件处理等问题，从多个维度探索了提升网络整体能效的方法。核心成果简要总结如下。

(1)软件定义传感网络中的低能耗代码分发策略研究。推导了可以通过协作来实现的有效传感速率感测的封闭形式。在此基础上，通过综合考虑传感器激活和任务的映射，提出了最低能量传感器激活的含二次约束的整形规划问题。基于所提出的整形规划问题，进一步提出了一种高效的运行时在线算法，通过在线代码分发处理动态事件。

(2)软件定义传感网络中的低能耗数据收集策略研究，对于每个感知应用，计算传感器每个传感器节点覆盖目标点的数量，以此数量作为权重设计一个赌轮，覆盖目标点越多的传感器节点越有机会被选中加载应用，选中一个节点后，赌轮也对应更新，已被选中传感器所覆盖的目标点不再参与赌轮权重的计算。如果被选中的节点资源不足以加载应用则重新选择，不断重置赌轮直至所有应用的传感覆盖率都达到要求。

(3)对软件定义传感网络在水污染防治中的应用也展开了相应研究，提出了快速的基于稀疏传感器数据的污染源定位算法以及预算受限情况下最大化水污染监测质量的水质传感器的部署方法。自底向上，从多个角度，系统地对高能效的软件定义传感网络的管理与应用，展开了研究工作，取得了良好的效果。

(4)依托项目研究成果，团队成员在 *IEEE Transactions on Computers*、*IEEE Transactions on Industrial Informatics* 等国际知名学术期刊和会议上共发表 27 篇学术论文，其中 SCI 检索论文 18 篇、中国计算机学会(China Computer Federation, CCF)A 类论文 4 篇、CCF B 类论文 1 篇、CCF C 类论文 8 篇。

6.2 可再生能源支撑云无线接入网中的资源协同调度优化策略研究

项目负责人：曾德泽
项目来源：国家自然科学基金面上项目(61772480)
主要完成人：曾德泽、熊慕舟、刘超
工作周期：2018 年 1 月 1 日—2021 年 12 月 31 日

 项目简介

随着多样化通信需求以及无线接入网规模的不断增长，如何在提升网络性能

与灵活性的同时，降低网络能耗，成为下一代无线网络发展的挑战。基于当前网络虚拟化技术的发展趋势，本项目提出了可再生能源支撑云无线接入网（Cloud Radio Access Networks，CRAN）架构，如图 6-2-1 所示。针对可再生能源生产的动态随机性，在具有资源池化特性的云无线接入网中，通过网络资源与能量资源的协同调度优化，提升可再生能源利用率是提升网络能效的关键。本课题拟从基础理论、优化模型以及算法层面对资源协同调度优化问题进行研究。首先从理论上分析可再生能源随机供给与服务质量之间的对应关系；接着围绕提升网络能效的目标，构建资源协同调度的优化模型并设计相应的资源分配算法；然后，在此基础上，分析网络运行阶段的资源供需随机特性，设计在线资源与任务调度算法。通过本课题的研究，在理论上揭示资源调度与接入网服务质量之间的关联性，建立网络资源与能量资源协同调度的理论框架，从而为工程实践奠定理论基础并提供技术支撑。

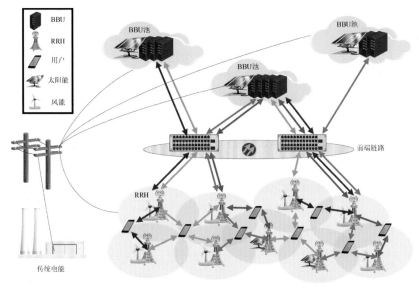

图 6-2-1　可再生能源支撑的云无线接入网架构图

📖 ▌ 主要成果

（1）研究了对云无线接入网的编解码器调度中绿色能量感知远程无线射频单元（Remote Radio Heads，RRHs）的激活问题。将该问题建模为一个非凸优化规划问题。通过将原问题重新表述和放宽为凸问题，进一步提出了一种启发式绿色能量感知 RRHs 激活算法。通过大量的仿真，所提出的绿色节能 RRHs 选择算法的高能效得到了验证，优于不考虑有绿色能源产生的方法。

（2）云无线接入网中，计算与通信融合，因此边缘侧雾节点将承载一定的计算任务。同时，雾计算节点分布式部署在环境中并且可以收集绿色能源，因而使得雾计算在能效方面具有明显的优势。项目组探讨了通过探索雾计算平台中能量生成的差异性来实现信息物理雾系统中的能量服务模块，同时考虑能效控制、负载均衡

聚焦前沿
追求卓越

计算机学院

10
年学术成果汇编

2012-2022

144

以及服务调度;证明了该问题是一 NP 难问题(NP-hard Problem),为此提出了一种启发式算法用以降低该问题的计算复杂度。

(3)云无线接入网中,网元一般以虚拟网络功能的形式提供,以保证其灵活性和弹性。从网络服务类提供商的角度来看,一个不可避免的问题是如何降低从基础设施提供商租赁各种资源的总体成本。结合数据包调度、网络功能管理和资源分配研究了如何动态地最小化整体运营成本。基于李雅普诺夫优化框架分析了队列积压和总成本之间的权衡问题,提出了一种基于反压力的在线调度算法,并通过跟踪驱动仿真对其有效性进行了广泛的评价。

(4)关于能耗最小化的可再生能源支撑云无线接入网的优化研究,项目组联合考虑了 C-RAN 中的 RRH-BBU 的连接问题以及能量共享问题,旨在最小化绿色能源供能的 C-RAN 的最小化棕色能源使用问题。我们将问题论述为一个混合整数线性规划问题(Mixed Integer Linear Program,MILP)的形式,并提出了一个两阶段启发式多项式时间算法。

(5)针对云无线接入网性能分析问题,基于网络微积分,提出了一个揭示不同优先级的应用的时延与积压上限的分析方法,以计算 CRAN 系统的最小处理能力需求。基于网络微积分,为不同时延要求的 CRAN 应用推导出了一组时延和积压上限。

(6)依托项目研究成果,团队成员在 *IEEE International Conference on Computer Communications*(*IEEE INFOCOM*)、*IEEE International Conference on Distributed Computing System*(*IEEE ICDCS*)、*IEEE International Conference on Sensing*,*Communication and Networking*(*IEEE SECON*、*IEEE Network*)等国际知名学术期刊和会议上共发表和录用了多篇学术论文,其中 CCF A 类论文 4 篇,CCF B 类论文 3 篇,以及多篇 CCF C 类论文,并获得了 IEEE ICPADS 2020 最佳论文奖。

6.3　跨域网络空间动态隐私保护方法研究

项目负责人: 朱天清
项目来源: 国家自然科学基金面上项目(61972366)
主要完成人: 朱天清、Zhou Wanlei(悉尼科技大学)、任伟、熊平(中南财经政法大学)、宋军
工作周期: 2020 年 1 月 1 日— 2023 年 12 月 30 日

 项目简介

为适应当前跨域网络空间动态多源异构数据的特点,本项目利用概率因子图

和相对熵等方法来分析多源异构信息的关联性;利用经典动态传播模型和一阶差分方程建立跨域隐私模式传播-累积模型;利用加权组合目标优化方法提出动态隐私模式保护优化平衡方案;形成一套针对跨域网络空间的动态隐私保护新理论和方法。跨域网络空间和异构关联数据如图 6-3-1 所示,隐私模式及其因子如图6-3-2所示。

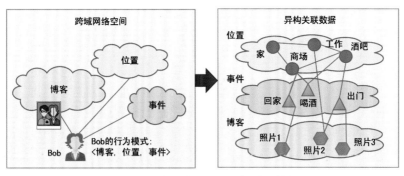

图 6-3-1　域网络空间和异构关联数据

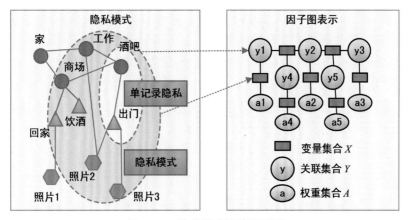

图 6-3-2　隐私模式及其因子图

📖 主要成果

(1)动态隐私模式概念模型的研究。对当前国内外隐私衡量机制做出总结和分析,将静态隐私需求和动态环境的行为进行比较和分析。为了保护动态环境中的隐私,对静态隐私概念进行扩展,从仅关注单服务器上的静态数据隐私,比如用户的姓名、地址、电话号码等扩展为动态行为隐私。

基于相对熵提出初步的动态隐私模式,研究动态跨域网络环境下的个人关联信息识别和建模方案。利用动态隐私模式描述用户多方面行为的要素以及要素之间的关系。

(2)动态隐私模式传播-累积模型的研究。定义合理的隐私传播模型并提出满足要求的方案设计。基于隐私传播和传统谣言传播模型的相似点和不同点,项目

聚焦前沿
追求卓越

计算机学院

10
年学术成果汇编

2012-2022

146

组采用状态变化的思想,以主动传播为基础,为每个网络节点建立不同隐私传播状态,然后针对不同节点设计隐私保护方案。

根据一阶差分方程设计累积模型。隐私信息积累的速度和数量依赖于当前节点已拥有多少可供搜索的背景知识,因此衡量每个节点隐私信息量的累积是建立最终动态传播-累积模型的关键。

(3)依托项目研究成果,项目负责人朱天清在 *IEEE Transaction* 期刊上发表 7 篇论文并在 *IEEE IoT* 期刊上发表 2 篇论文。

转化与应用

项目组目前正进行动态隐私模式概念模型和动态隐私模式传播-累积模型的研究,并进行阶段测试,将于 2022 年进行平台测试,2023 年进入应用阶段。阶段性测试内容如下。

(1)在目前已建立的云环境下测试动态隐私模式的有效性。对动态环境中的行为进行建模,利用相对熵技术进行多源异构数据关联分析,测试结果表明动态隐私相对于静态隐私能更好地满足动态环境下动态行为的隐私分析需求。

(2)模拟动态隐私模型在跨域网络空间上的传播过程来测试动态隐私模式传播-累积模型的有效性。在跨域网络空间里,传播和累积是同时进行的,每个节点既向外传播隐私信息又可能同时在累积隐私信息。项目组为每个节点的状态计算累积信息量,然后通过将累积量和其他环境结合来定义每个节点的状态转换条件,最终建立多源异构动态隐私模式传播-累积模型。

6.4 车辆自组织网络中定向路由和激励机制研究

项目负责人:姚宏
项目来源:国家自然科学基金面上项目(61272470)
主要完成人:姚宏、余林琛、梁庆中
工作周期:2013 年 1 月 1 日—2016 年 12 月 31 日

项目简介

车辆自组织网络(Vehicular Ad-hoc Networks,VANET)是移动通信中的研究热点,在假定通信半径有限、车辆处于不同运动方向的移动状态下,主要研究车辆与车辆之间、车辆与路边基站之间如何进行数据通信。数据传输机制是重要的基础问题,其效率对所有上层应用的性能具有关键支撑作用。本项目针对当前研

究中通信数据路由选择的盲目性等问题,以实际车辆运行轨迹数据为数据基础,以提高 VANET 的数据传输效率为总体目标,研究在网络信源、信宿及路由节点可移动、网络拓扑剧烈变化、数据传输不可靠、传输延迟抖动幅度大的环境下,如何高效地进行数据传输。

主要成果

(1)针对移动自组织网络传输半径与移动节点能耗的量化关系开展研究,提出了基于延迟微分方程的理论分析框架。研究发现,当结点的传输范围半径增大时,由于覆盖范围的重叠可能性增大,结点之间的相遇概率将增加,数据将更易地传播给其他结点,进而数据的传播时延就会降低。此外,如果结点的传播范围半径 r 与信息的生命周期 τ 的参数被设定为合适的值,将会大幅提高网络中的能耗效率。

(2)针对在数据获取存在时限约束情况下的移动数据分流问题,提出了移动车辆相遇概率的网络流算法,提出了在车辆自组织网络内进行移动分流的优化策略,证明了在获取时间存在限制的情况下,依然能够通过合理的分流策略,完成移动网络中的数据传递需求,同时降低蜂窝网络的直接通信费用。

(3)为了减少移动节点在分流决策时无意义等待的时间,提出了一种数据相遇预测机制来保证接入点可预测数据获取时延的算法,通过建立效用函数,把数据的传输开销和时延开销统一优化。实验证明,数据索引的引入降低了数据获取的平均等待时延,同时也能保证较高的数据分流成功率。

(4)在移动社交网络中使用群智感知的思想使得其他节点帮助任务分发节点来完成任务,考虑了不同的研究目标,包括最小化最长任务执行时间、最小化所有任务平均执行完成时间等,提出了离线任务分发和在线任务分发等策略、性能优于随机任务分配策略、任务从小到大分配策略等,结果证明了引入 Throwbox 等辅助设备的有效性。

6.5 云雾混合计算环境的资源管理与任务调度研究

项目负责人:姚宏
项目来源:国家自然科学基金面上项目(61672474)
主要完成人:姚宏、余林琛、梁庆中
工作周期:2017 年 1 月 1 日—2020 年 12 月 31 日

项目简介

传统云计算通常采用"移动端-云端"(Mobile-Cloud)的两层架构,其不足主要

体现在：计算分流的时延较大、资源或服务的调度和管理对移动性支持不足、网络抖动易造成服务质量的不稳定等。雾计算概念的内涵本质上是指通过在固定云端和移动端之间增加一层分布式计算平台，从而形成一种"移动端-雾端-云端"(Mobile-Fog-Cloud)的三层体系架构。这种三层架构给移动端应用的计算分流带来了多种可能性，极大地增强了网络的灵活性。该成果在云雾混合计算环境下，以资源管理与任务调度为研究对象，旨在实现资源部署和管理的优化以及任务调度中计算分流的优化。

主要成果

（1）基于 Amazon 弹性计算云(EC2)的研究已经证实，资源部署如果离得足够近，就可以支持移动用户的应用程序并改善用户体验。讨论了雾节点部署成本问题，将学术界对于雾节点资源部署的同构假设扩展到异构，可以在满足请求服务质量约束的情况下实现成本最小化。

（2）网络功能虚拟化在云雾混合计算中起到关键作用，针对虚拟网络功能映射和调度问题开展研究，首次提出在一个虚拟机上通过函数映射和抢占式任务调度的联合优化算法，实现全系统任务总完成时间的最小化。

（3）首次提出多路径路由和虚拟机放置的联合优化问题，提出了一种高效的启发式算法。仿真结果表明，该算法具有良好的能效。

聚焦前沿
追求卓越
计算机学院
10
2012-2022
年学术成果汇编

148

6.6　物联网轻量级健壮安全中的关键问题研究

项目负责人：任伟
项目来源：国家自然科学基金面上项目（61170217）
主要完成人：任伟、章丽平、余林琛、宋军
工作周期：2012 年 1 月 1 日—2015 年 12 月 31 日

项目简介

该项目研究了物联网安全中普遍关注的两个约束条件：轻量级和健壮性。选择了具有代表性的关键安全问题开展研究，包括轻量级密钥管理协议、认证协议、应用安全、隐私保护等，具体物联网应用包括可穿戴计算、智能电网、车载网、云外包存储安全、可参与感知、移动云计算等。研究成果为解决物联网轻量级健壮安全性提供了基础理论、核心算法和协议。

（1）轻量级和健壮性约束条件下的物联网基础共性安全问题。研究了可参与感知中的隐私保护问题，提出了基于群签名的轻量级健壮方案。研究了体域网感知数据隐私保护问题，提出了超轻量级和高效率隐私保护方案。研究了移动云计算中的数据存储隐私保护问题，提出了文件共享访问且可协同编辑的密钥管理方法、细粒度云存储访问控制机制和基于变色龙散列函数的云存储中的数据拥有性证明机制等。

（2）物联网典型应用中的典型安全问题。发现并提出了异种异构多态物联网的密钥管理问题，给出了服务质量（Quality of Service，QoS）敏感的密钥管理方案，如图 6-6-1 所示；提出了 EPCglobal 物联网的对象名解析服务（Object Name Service，ONS）访问隐私泄露问题，给出了类操作系统（Operation Technology，OT）的安全保护协议；率先提出了控制型传感网无线传感器和执行器网络（Wireless Sensor and Actor Network，WSAN）中的安全问题，给出了保障不可区分、可达性、时效性的方案；给出了针对智能电网的基于扰动的隐私保护方案；提出了物联网 M2M（Machine to Machine）通信认证模型；提出了一种网络编码中的安全保护方案。

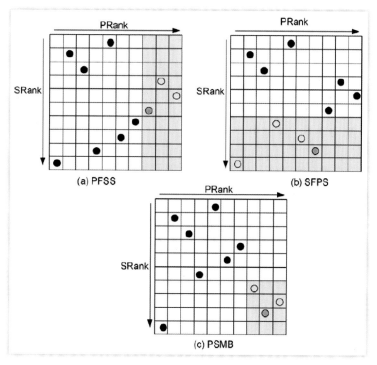

图 6-6-1　一种物联网密钥管理机制示意图

聚焦前沿
追求卓越

计算机学院

10
年学术成果汇编
2012—2022

150

(3)移动物联网操作系统以及终端应用安全问题。对 Android 操作系统安全及其 APP 应用安全问题开展了研究,提出了基于机器学习的 APP 恶意软件分析方法、移动互联网 APP 评论数据分析与态势感知方法、直播视频在线监管方法、无痕健壮的视频音频防盗版水印机制等。

 转化与应用

3 个相关发明专利实现了转化,创造直接或间接经济效益数百万元。

霍尔果斯智融未来信息科技有限公司(大数据挖掘下的用户隐私保护方法及系统,发明专利号:ZL201310171066.2,发明人:任伟等)。

广州善欣医疗科技有限公司(物联网腰带式监控装置及云端健康管理系统与操作方法,发明专利号:ZL201310199875.4,发明人:任伟等)。

南京陇源汇能电力科技有限公司(一种物联网智能充电供电系统及其调度方法,发明专利号:ZL201310048846.8,发明人:任伟等)。

6.7 区块链交易追踪溯源安全监管关键技术研究

项目负责人:任伟
项目来源:湖北省重点研发计划项目(2020BAB105)
主要完成人:任伟、朱天清、钱永峰
工作周期:2020 年 1 月 1 日—2022 年 7 月 30 日

 项目简介

该项目研究了区块链安全中普遍关注的一个问题:隐私保护条件下的可监管性。选择了具有代表性的关键问题开展研究,包括交易追踪溯源、交易行为安全分析、区块链安全态势分析和监管、交易图谱分析、交易账号关联分析、交易行为关联分析、恶意账号追踪与建模等。研究成果为解决区块链的安全监管提供了基础理论、核心算法和协议。

 主要成果

(1)有限隐私条件下的区块链安全监管机制。研究了匿名账号下的区块链账号行为的安全监管方法,提出了交易图谱统计分析方法、基于复杂网络的交易图谱分析机制、基于图神经网络的区块链交易分析方案、基于网络流的区块链交易行为分析方案等。

（2）研究了典型区块链（BTC/ETH等）中的典型安全问题。研究了BTC/ETH的交易解析与图谱生成方法以及分析机制，实现了对BTC/ETH中典型账号的追踪分析和黑名单库（10多万个账号），建立了恶意行为（洗钱、欺诈、非法集资、网络赌博、勒索病毒等）的相关分析模型；研究了央行数字货币的互联网金融FinTech安全问题，包括涉及数字货币的网络欺诈、勒索病毒、网络赌博、非法集资、黑色产业等，如图6-7-1所示。

（3）研究区块链典型应用中的安全问题。研究了区块链典型应用场景下的相关安全问题，包括利用易忘传输协议解决基于区块链的数据共享和公平交易机制、基于承诺和盲签名的区块链交易安全机制、基于代理签名的区块链举报系统中举报人保护机制、基于环签名的医疗联盟链数据共享系统隐私保护机制、基于零知识证明的区块链交易隐私保护机制等。

图 6-7-1　区块链密码货币反洗钱监测系统部分界面

🌐 转化与应用

相关发明专利实现了转化，一次性转化金额过20万元。

专利号：ZL201810588279.8；专利名称：一种区块链DAG宽度的控制方法与系统。

专利号：ZL201810298943.5；专利名称：一种区块链的键值数据组织方法及系统。

专利号：ZL201810588279.8；专利名称：一种区块链DAG宽度的控制方法与系统。

专利号：ZL201810332361.4；专利名称：一种基于区块链的密码货币交易隐私保护方法及系统。

聚焦前沿
追求卓越

计算机学院

10

2012-2022

年学术成果汇编

152

6.8　网络编码中基于格上困难问题的同态认证技术研究

项目负责人：程池

项目来源：国家自然科学基金面上项目(61672029)

主要完成人：程池

工作周期：2017 年 1 月 1 日—2020 年 12 月 30 日

 项目简介

本项目主要研究的是基于格上困难问题的认证方案设计与安全性分析。基于格的密钥交换方案将在新一代密码学标准中处于中心地位。本项目主要研究内容包括格上困难问题的方案设计、实现以及安全性分析。

主要成果

(1)对部分基于格上困难问题的抗量子密码标准候选方案的密钥复用安全性分析。该项目组与清华大学丘成桐数学中心丁津泰教授等国内外密码学者密切合作,对美国抗量子密码标准评选第二、三轮入选者中基于格的方案进行了较深入的安全性分析。我们给出了一个统一的方法,来评判基于格的密钥封装机制在密钥不匹配攻击时的安全弹性并提出了一个系统性的方法,能够给出密钥不匹配攻击的理论。在发表于国际著名安全会议 ESORICS 2019 的论文中,给出了对著名的 NewHope 方案进行密钥不匹配攻击的完整方案。

(2)基于格上困难问题的认证方案的设计与安全性分析。项目组分析了现有基于格上困难问题的认证方案所存在的安全问题。在发表于 *IEEE Transactions on Service Computing* 的论文中,课题组分析了基于格上困难问题的安全数据外包机制中的安全问题。在发表于 *IEEE Communications Letters* 的论文中,我们分析了一个基于 NTRU 的切换认证机制的安全性,指出了其存在的安全漏洞,并提出了相应的改进方案。

项目组重点考虑基于格上困难问题来设计认证方案。在发表于 *IEEE Transactions on Smart Grid* 的论文中,利用格上困难问题来设计认证方案,设计出在智能电网中具有抗量子安全特性以及更少通信开销的双向认证通信的方案。在发表于 *IEEE Sensors Journal* 的文章中,项目组考虑如何在智能电网中实现可认证的安全双向通信。在发表于 *IET Information Security* 的论文中,考虑了如何从用户角度出发,使用多因子认证来实现数据恢复。

(3)网络编码中的安全问题研究后续成果。课题负责人程池及其合作者分别针对发表于通信和计算机领域旗舰会议 INFOCOMN 2011 和计算机领域国际著

名期刊 *IEEE Transactions on Parallel and Distributed Systems* 上的两个同态认证方案进行了安全性分析,论文发表在信息安全领域著名期刊 *IEEE Transactions on Information Forensics and Security* 上。

(4)本项目研究成果获 2020 年度广西科学技术奖(自然科学类)二等奖 1 项(排名第 2)以及中国电子学会科学技术奖(自然科学类)二等奖 1 项(排名第 2);发表于 *IET Information Security* 的论文获得英国工程技术学会 2019 最佳论文奖。

6.9　网络编码中的安全问题研究

项目负责人:程池
项目来源:国家自然科学基金青年科学基金项目(61301166)
主要完成人:程池、刘忆宁
工作周期: 2014 年 1 月 1 日—2016 年 12 月 30 日

项目简介

本项目主要研究的是网络编码中的安全问题,具体是指在网络编码中如何抵御污染攻击,利用同态签名以及同态消息认证码等工具为网络编码提供可靠的安全保障。项目主要研究两个方面的内容:一个是网络编码中的攻击模型研究,另一个是网络编码中的安全协议设计与分析。

主要成果

(1)对网络编码中已有同态认证方案的安全性分析。

①项目负责人程池及合作者分别针对发表于通信和计算机领域旗舰会议 INFOCOMN 2011 和计算机领域国际著名期刊 *IEEE Transactions on Parallel and Distributed Systems* 上的两个同态认证方案进行了安全性分析,指出它们都不能抵抗多子代污染攻击,并从理论和实际仿真两个方面说明多子代污染攻击成功的概率很高。随后对这两个方案都给出了改进的密钥分发方案,并分析了改进方案的安全性以及所增加的计算和通信开销。实验证明所增加的开销在可以接受的范围内,特别是对后一个方案的改进所增加的开销很小。在上述研究成果的基础之上,项目负责人程池作为第一作者在信息安全领域著名期刊 *IEEE Transactions on Information Forensics and Security*(SCI,中科院二区期刊 T2,中国计算机学会推荐安全领域 A 类期刊)发表论文 1 篇。

②发现了在 *China Communications* 上发表的一篇同态认证方面的论文也不

能抵抗上述的多子代污染攻击。证明攻击者在获得多个子代的信息和相应的签名后,能够以很高的概率恢复签名者的私钥。基于这一研究成果,项目负责人程池和项目组成员刘忆宁等合作在 *Security and Communications Network*（SCI,中科院四区期刊 T4,中国计算机学会推荐安全领域 C 类期刊）上发表论文 1 篇。

（2）网络编码中基于格上困难问题的认证方案设计。

探索了如何利用格上的困难问题来设计网络编码中的认证方案,并取得了一些初步的成果。比较系统地了解了抗量子计算密码学方面的相关文献资料,对目前量子计算机的发展以及国内外抗量子计算密码学方面的发展有了相当程度的了解。目前,已撰写一篇关于如何在未来的物联网中抵御量子计算机带来的安全危机的论文并发表在国际 SCI 期刊 *IEEE Communications Magazine* 上。此外重点考虑了基于格上的同态认证方案设计与安全分析。

6.10 基于生物 Token 和分形随机行走的 VoIP 网络安全通信理论与关键技术研究

项目负责人: 章丽平

项目来源: 国家自然科学基金青年科学基金项目(61303237)

主要完成人: 章丽平、唐善玉、王媛妮、马钊、武进霞

工作周期: 2014 年 1 月 1 日—2016 年 12 月 31 日

 项目简介

该项目主要研究 VoIP 网络中通信实体间匿名认证新方法和自适应隐密通信新机制,旨在降低机密信息被攻击的概率,增强 VoIP 网络的通信安全。主要研究内容包括基于生物 Token 和低熵口令的认证技术、基于分形随机行走的隐密通信理论模型、隐密通信机制设计等。研究成果为实现 VoIP 网络高效、安全的通信提供了重要的理论依据和实践指导。

 主要成果

（1）设计适用于 VoIP 网络的高效匿名认证方案。课题组对 VoIP 网络中的安全认证技术进行了研究,针对 VoIP 网络自身的特点和要求,提出了采用生物、Token 和低熵口令融合技术实现 VoIP 通信实体间匿名认证的新方法,并基于提出的匿名认证方案,构建了具有匿名性的高效密钥协商方案,实现了 VoIP 网络中通信实体间的安全认证与密钥协商。

（2）构建适用于 VoIP 网络的隐密通信理论模型和隐密通信机制。课题组对

VoIP 网络中的隐密通信理论模型进行了深入的研究。将分形随机行走技术引入隐密通信理论模型构建中,并结合 VoIP 自身特征提出了新的基于分形随机行走的 VoIP 网络隐密通信理论模型。在此基础上,进一步提出了具有自适应特征的 VoIP 网络隐密通信新方法,设计了适用于 VoIP 网络的隐密通信新机制,建立了具有隐密通信功能的 VoIP 网络安全通信原型平台,如图 6-10-1 所示。

图 6-10-1　VoIP 网络安全通信原型平台展示图

转化与应用

　　针对 VoIP 网络通信特征,采用生物 Token、低熵口令技术和分形随机行走技术实现了机密信息在 VoIP 网络中的安全通信。提出的安全通信方法为 VoIP 网络中的匿名认证和数据的隐密传输提供了重要手段。充分考虑到机密信息在 VoIP 网络中传输的安全需求,将提出的安全通信机制应用于 VoIP 网络,实现了 VoIP 网络的安全升级,为机密信息在 VoIP 网络中的安全传输提供了有效的解决方案和理论支撑。在完善和开发的基础上,进一步加大了提出机制的应用和公益性推广服务。此外,本课题中涉及的认证机制、隐写算法也广泛应用于各种通信环境,为数据在公网中的传输提供安全保障。

6.11　海量地学数据安全通信理论与关键技术研究

项目负责人:章丽平
项目来源:中国博士后科学基金特别资助(2015T80852)
主要完成人:章丽平
工作周期:2015 年 1 月 1 日—2016 年 7 月 31 日

项目简介

　　该项目主要研究如何采用信息隐藏研究方向上新出现的"隐密技术"实现高度

聚焦前沿
追求卓越
计算机学院
10
2012-2022
年学术成果汇编

156

敏感的海量地学数据在公网中的隐密通信。主要研究内容包括基于随机分形的海量地学数据多维隐藏隐密通信理论模型构建,自适应隐密通信新机制设计,以及具有智能识别地学数据标签、自动进行隐藏算法匹配、安全传输海量地学数据功能的安全通信原型平台搭建。

主要成果

(1)构建海量地学数据多维隐藏隐密通信理论模型。课题组针对海量地学数据的基本特征进行了分析、归纳和总结。在此基础上,将随机分形技术引入海量地学数据安全通信模型的构建中,建立了"多维隐藏"隐密通信理论模型。提出的模型通过正确解析地学数据的粒度、隐蔽性和隐藏容量(位速率)之间的相互关系,实现了对海量地学数据隐密通信特征的有效模拟,为构建基于多维隐藏的自适应安全传输方法奠定了理论基础。

(2)设计海量地学数据智能隐藏传输机制。课题组对基于深度学习的海量地学数据识别方法进行了研究。针对不同的地学数据,设计了相应的一系列隐写算法,并通过对这些隐写算法进行分类,构造了具有标签的多维隐藏算法集。在此基础上,采用深度学习技术,基于建立的地学数据标签实现了多维隐藏算法和地学数据之间的智能匹配,进一步构建了海量地学数据智能隐藏传输机制,搭建了有隐密通信功能的海量地学数据安全通信原型平台。

转化与应用

针对海量地学数据自身的特征,采用隐密通信技术实现各类地学数据在公网中的高隐蔽性传输。充分考虑到敏感地学数据在公网中传输的安全性,实现了地学数据安全传输的全面升级,改变了传统人工传输以及非保密网传输的工作方式,为敏感地学数据在公网中的传输提供了有效的解决方案和理论支撑。在完善和开发的基础上,进一步加大了提出机制的应用和公益性推广服务。此外,课题组将项目中涉及的隐写算法写入终端硬件设备中,例如图 6-11-1 所示的具有隐写功能的汇聚终端设备,进一步推动了提出算法在相关安全通信机制中的广泛应用。

图 6-11-1　具有隐写功能的汇聚终端图

6.12 基于"负调查"的云数据隐私保护关键问题研究

项目负责人:刘然

项目来源:国家自然科学基金青年科学基金项目(61502440)

主要完成人:刘然、杨帆、马钊、黄诗勇、武进霞

工作周期:2016 年 1 月 1 日—2018 年 12 月 30 日

 项目简介

本项目围绕云数据隐私保护客户端"高计算量"和"用户参与不足"两个关键问题,研究基于"负调查"的云数据隐私保护方法,引入"负调查"方法对用户隐私数据进行匿名收集和处理。相对于加密、数据混淆等传统方法,本项目提出的基于"负调查"的云数据隐私保护理论与方法不仅能够降低客户端的计算量和数据发送量,而且能提高云数据的隐私保护程度,增强用户使用云平台的信心。

主要成果

(1)研究了"负调查"的可信度。研究了不同的类别比例、类别数、总人数对"负调查"可信度的影响。理论分析和模拟实验都表明,"负调查"的置信度存在相变现象。当某个负类别的比例小于某个值时,此类别的置信度会随着参与人数的增加、类别数的减少、此负类别比例的增加而增加;当此负类别的比例大于某个值时,"负调查"的置信度会迅速减少。

(2)研究了增强由"负调查"结果重建正调查结果的精度。研究了多选项"负调查"重建正调查数据的精度和置信度,同时基于"负调查"对于原数据中占多数比例类别的重建结果精度高的特点,设计了一个基于多选项"负调查"的投票模型。理论分析和模拟实验表明,每个用户选择 k 个负选项可以提升由"负调查"结果重建正调查结果的精度,且 n 个用户,选择 k 个负选项的"负调查"结果重建正调查结果的精度和由 n/k 个用户的单选项"负调查"结果重建正调查结果的精度接近。项目组还分析了每个用户选择 k 个负选项的"负调查"的置信度和置信区间,同时分析了基于"负调查"的匿名投票模型结果可信时,用户数、负选项数、候选人数以及最占优势的两个候选人得票比例之间的关系。

(3)研究了重建无负值正调查结果的算法。研究了由"负调查"结果重建正调查结果存在负值的情况,抽象为搜索矛盾方程组的最优解,同时利用粒子群算法边界搜索的优势,将粒子群算法和免疫网络算法结合,搜索当重建正调查结果为负值时的最优正调查结果。实验验证了该算法重建的正调查结果更符合实际情况,

且适用性较好,并不要求一定是均匀"负调查"。

(4)研究了基于负数据库的双因子认证。使用基于负数据库的双因子认证协议,研究了可以利用负数据生成的高效性,提升双因子认证的效率,降低用户端的能量消耗策略。目前已有的基于负数据库的一次密码认证协议具有高效性,但是不能实现相互认证,也不能抵抗验证列表偷盗攻击。项目组将基于负数据库的一次密码认证协议和基于非对称加密的双因子认证协议相结合,设计了一个基于负数据库的双因子认证协议。该协议同时兼顾了负数据库生成的高效性和基于非对称加密的双因子认证的安全性,能抵抗验证列表偷盗攻击和智能卡偷盗攻击。

(5)研究了"负调查"隐私数据保护方法的精度和隐私度量化。研究了基于信息熵的量化"负调查"精度和隐私度的方法。该方法将"负调查"视为一个有损信道,隐私度视为信道损失,精度视为平均互信息,结合已有的信息论理论,建立了更加合理的量化"负调查"精度和隐私度的方法,同时还考虑了原数据分布对精度和隐私度的影响。

6.13 基于大规模人群仿真的紧急事件预警与应对策略

项目负责人:熊慕舟
项目来源:国家自然科学基金青年科学基金项目(61103145)
主要完成人:熊慕舟、王浩、杜琳、杨鸣
工作周期:2011 年 1 月 1 日—2013 年 12 月 30 日

 项目简介

项目组围绕"针对在复杂环境中的人群运动如何进行分析、预测、预警及应对与应急设施部署"这一科学问题进行了研究,并取得了良好的效果。本项目主要围绕基于混合结构人群仿真模型、高密度人群环境中的动作规划、人群仿真与现实人群间的交互技术、高性能人群仿真技术与平台、大规模人群紧急事件预警与资源调度等方面开展研究工作。在混合结构人群仿真模型的研究方面,项目组提出一种混合结构的人群仿真模型。该模型中所包含的是一个轻量级的微观模型,其宏观方面的信息由宏观模型的执行结果统一给出。此外,该混合模型既能描述人群在整体运动方面的特性,又能刻画个体在人群中运动的差异性。在高密度人群环境中的动作规划研究方面,项目组主要开展个体如何在高密度环境中进行冲突避免的研究。该模型首先定义了动作规划的模型框架,并针对不同类型的潜在碰撞采取不同方法予以避让。此外,该模型还给出了一种有效的安全动态调整方式,使得个体的冲突避让能够在不同密度条件下动态调整。为了将现实状态结果实时引入仿真环境中从而实现交互式仿真，项目组实现了一种基于无线信号强度的定位机制，该定位机制的结果可以作为仿真过程中的输入，从而修正仿真结果，并能更好地反映现实中的突发状况。该方法采用指纹定位，工作过程主要分为两个阶段：第一个阶段为模型训练与指纹采样阶段，第二阶段通过对比指纹库中的信号强度信息得到个体当前的位置。模型的误差小于 3m。项目组提出并实现了一种基于多 Agent 人群仿真模型的多机并行平台，该平台通过消息传递界面/接口（Message Passing Interface，MPI）实现执行机构之间的同步，通过设置划分模块、同步模块与模型执行模块，保证仿真模型执行过程保持时间上的同步。为了实现负载均衡，平台采用 K-means 方法对环境中的人群进行划分，并将每个划分中的人群交由一个节点执行。实验结果表明该平台具有较高的执行效率与可扩展性。在紧急事件中资源预警与调度方面，该平台利用标识牌、广播等手段引导人群向更合理的方向进行疏散，从而达到减小人群疏散时间、防止人群踩踏等事件发生的目的。通过设立特定场景，利用典型的人群分布和规模，将环境及人群信息作为初始条件输入至仿真模型，并通过仿真结果观察其疏散时间即密度分布。同时通过调整资源数量与位置及观察仿真结果可以得到较优的资源配置。

主要成果

依托项目研究成果，发表论文 8 篇。

转化与应用

与武汉纵畅信息技术有限公司联合于 2013 年申报了第六批武汉市东湖高新区"3551 光谷人才计划"，项目名称为"交通物联网智能反馈控制系统"。

6.14　基于物联网的环境监测关键技术研究

项目负责人：颜雪松
项目来源：湖北省自然科学基金重点项目（2015CFA065）
主要完成人：颜雪松、胡成玉、曾德泽
工作周期：2015 年 1 月 1 日—2017 年 12 月 31 日

项目简介

本项目主要研究以下关键技术：①研究基于软件定义网络的环境信息感知与

通信;②研究基于云存储的异构多属性监测数据的存储与检索;③研究环境突发事件应急智能决策与支持技术。通过该项目的研究,可以为环境监测部门及环保行业提供新的技术手段,节约经济成本,提高监测效率,预防环境灾害的发生。

主要成果

(1)研究基于软件定义网络的环境监测数据收集的最小能耗。
(2)研究异构多属性监测数据的存储与检索。
(3)研究环境突发事件应急决策支持技术。

转化与应用

采用物联网技术,可以针对各种类型不同跨度生态地区的环境数据进行监测,在环境检测中产生的大量数据,可以通过网络传送到后台数据中心存储,以便进一步综合分析和处理。基于物联网研究环境监测,为环境监测部门、环境管理部门提供了动态实时信息,可做到及时发现污染并采取相应措施,使污染情况在短时间内得到有效控制。

6.15 云计算和大数据环境下高效的隐私保护算法设计与分析

项目负责人:许瑞
项目来源:国家自然科学基金青年科学基金项目(61802354)
主要完成人:许瑞、马钊、程池
工作周期:2019 年 1 月 1 日—2021 年 12 月 30 日

 项目简介

近年来云计算概念的普及和大数据趋势的兴起进一步掀起了隐私保护技术的研究热潮。然而当前隐私保护技术研究领域仍然存在很多开放性问题亟待解答,特别是如何提高隐私保护算法的可扩展性以迎接大数据带来的挑战这一课题。有鉴于此,本项目研究云计算和大数据环境下高效的保护隐私算法设计与分析并从3 个方面展开:云外包计算的安全分析与系统评价、安全计算模型下利用高效数据结构来设计隐私保护算法、大数据精简与特征抽取算法的保护隐私实现。经前期调研凝练出本项目的两个关键科学问题:低轮复杂度的 ORAM 安全计算框架设计和不确定性算法的茫然转换。通过对这两个关键问题的解答来带动本课题其他研究内容的顺利展开,并预期在安全计算模型中的数据结构设计、ORAM 方案设计以及数据精简技术在隐私保护技术中的应用等方面取得较好的研究成果。

主要成果

(1)对已有云外包计算的安全性分析与系统评价。本项目分析了已有的面向组的秘密分享协议(Group Oriented Secret Sharing Scheme)的安全隐患。经研究发现前人提出的两个面向组的秘密分享协议存在设计漏洞,不够安全。具体来说,我们发现在这样的秘密分享协议中,未授权的用户可以伪装成授权用户从而获得分享者分享的原始秘密。经过理论证明和实验验证,证实了项目组提出的攻击方法是有效可行的。

本项目分析了已有群用户认证协议(Group Authentication Scheme)的安全隐患,并给出了 3 种不同的修复方案。群用户认证可以让一个群组里的合法用户互相认证彼此,无须两两认证,因此非常适用于有大量终端的物联网环境。然而前人设计的多个群用户认证协议存在安全隐患。这一安全隐患会让非授权外部用户成功冒充组内合法用户,从而成功认证。项目组分析指出了这一漏洞,并提供了 3 种不同的修复方案,修复后的方案能够有效拒绝非授权用户的认证请求。相关论文发表在期刊 *Computer Networks* 上。

本项目成功分析了一个基于格的云数据外包服务,指出了其设计中的安全隐患,并对其进行了修正,提出了一个新的基于格的抗量子安全的云数据外包服务,相关成果发表在期刊 *IEEE Transactions on Services Computing* 上。

(2)安全聚合协议设计。本项目设计了一个基于密钥同态伪随机函数的安全聚合协议。该协议适用于物联网系统(如智能电网)中的安全求和问题。该协议可以保障在各方不泄露自身输入的前提下求出各方数据之和。本项目设计的安全聚合协议由于利用了密钥同态伪随机函数的非交互性,具有较低的轮复杂度,在物联网中的应用效果非常好。

本项目进一步增强了上述安全求和协议的功能。我们的增强版安全聚合协议,可以有效处理参与协议的客户端由于网络连接而掉线的问题。联邦学习中的各参与方由于电力、Wi-Fi 等因素限制,很有可能出现一时无法参与协议的情况,而项目组提出的增强方案能够很好地适用于这种场景。

转化与应用

本项目利用同态加密、密钥同态伪随机函数、Diffie-Hellman 密钥分配等技术设计了若干安全聚合协议,同时兼顾安全性和效率。本项目设计的安全聚合协议可以应用于智能电网、智慧城市以及联邦学习等国计民生中的重要领域。同时本项目分析了若干已有安全协议存在的错漏,可以很好地防止具有安全漏洞的协议应用在这些领域。

6.16　群智感知车联网中面向位置隐私保护的任务分配策略研究

项目负责人:钱永峰
项目来源:国家自然科学基金青年科学基金项目(61902363)
主要完成人:钱永峰
工作周期:2020 年 1 月 1 日—2022 年 12 月 31 日

项目简介

群智感知车联网利用车辆的群智协作,具有感知精度更高和感知范围更广的优势,在智慧交通领域具有广阔的应用前景。本项目以群智感知车联网中有效的任务分配为目标,研究面向位置隐私保护的任务分配策略。通过本项目的研究,为群智感知车联网提供理论支持,同时搭建实验仿真平台验证方案的有效性,为实现智慧交通提供技术支撑。

主要成果

(1)群智感知车联网中位置隐私保护和服务质量协同优化的任务分配策略。随着移动群智感知技术的发展,尤其是在车联网领域,任务分配方法引起了广泛关注。如何选择合适的车辆来执行任务是任务分配问题的关键所在。该成果解决任务分配中车辆位置隐私保护问题,同时达到了任务服务质量最优化的效果。

(2)基于 5G 的认知车联网中安全增强的内容缓存策略。随着车联网中 5G 技术的快速发展,针对认知车联网中内容缓存策略的研究显得尤为重要。该成果解决了安全增强的内容缓存问题,对现阶段面向车辆的内容缓存策略进行了理论补充。

(3)车联网中基于任务复制的车辆在线选择策略。在车联网环境中,如何利用车辆多余的计算和存储资源来进行任务处理引起了广泛关注。尤其车辆是动态变化的,如何进行车辆选择是一个亟待解决的问题。该成果研究了车辆情境和花费同时未知的车辆选择方法,并且保证了任务执行质量。

在群智感知车联网中,如何进行任务分配是本项目的研究重点。针对任务分配,一个关键问题是如何通过设置合理的激励机制,来鼓励车辆用户参与到任务处理中。然而，现有的任务分配策略，仅考虑在获取所有车辆用户信息后，进行激励机制的设置。然而，获取所有车辆用户的信息这个假设是不合理的，在无法获取车辆用户信息的前提下，即在车辆信息不完备下如何通过设置激励机制来保证任务质量。

6.17　智能物联网管理平台的设计与软件开发

项目负责人：邓泽
项目来源：企事业单位委托科技项目
主要完成人：邓泽、樊俊青、马钊、刘远兴、陈云亮、宋军、陈小岛
工作周期：2017 年 4 月 1 日—2017 年 12 月 30 日

 项目简介

随着商业空间的升级，空间智慧化运维面临成本投入高、管理更加细致化等各类挑战也随之增加，传统的智能化集成系统（Intelligent Building Management System，IBMS）已经不能满足高运营的需求，只有更加细致的运维模式才能得以发展，所以智能物联网管理平台也随之产生。智能物联网管理平台可以连接商业空间的全量设备，提取数据，将数据运用到商业空间的智慧运维中，实现全平台的数据共享，为有权限的用户提供更便捷的审阅方式，并保障了系统的可扩展性。

主要成果

（1）物联网安全平台。①审核事项办理。用户可以在平台上提交材料、审核、批准提交材料等。②平台身份认证和权限管理。③超期预警。代办事项超出期限后将会发出警报。④平台黑名单。对于不合格的用户将加入黑名单列表，以供查询。

（2）应用平台。①提交作业管理。用户在信息系统中查询发布的作业列表，并在提交后由管理员审核。②事项节点统计。为具体编号的事项提供事务进展流程图。

（3）数据平台。①平台共享数据管理。②外网信息公开。③跨平台检查接口。

转化与应用

智能物联网管理平台（图 6-17-1）的实施在智能生活上发挥巨大的作用。在用

户生活上,提供简单便捷的配置流程,使用户操作更加方便,可以根据用户的需要自定义用户的请求,具有统一的运营体系。智能物联网可以优化设备的运行效率,提升问题及时响应率、完善服务保障,在设备量化服务数据、设备数据方面更有价值,可以自动生成运维报告。平台具有自动预警,可以自检自查,自动分析报告,有效预测故障。

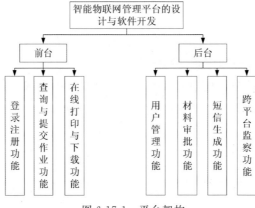

图 6-17-1　平台架构